把布片摺起來再縫合的雙面拼布

摺布拼布 Vol.❶

ORINUNO
PATCHWORK

村木幸代・著

CONTENTS

前言

"幸代拼布"的誕生

"第一次與針的邂逅"可以追溯到我6歲那一年。當時是為了幫附近出征的士兵縫"千人針",用紅色的線刺繡並打結,繡上等於我的年齡的針數。這對我來說是既難忘又寶貴的經驗。(屬虎以外的人是一人打一個結)

戰後有一段時間物資仍然非常匱乏,雖然也常製作小砂包等玩遊戲用的手工藝品,但我實際上感興趣的是像大人一樣縫製衣服。

收集縐綢、中國縐綢、小碎布等,染成相同的顏色或是縫合在一起。利用有彈性的布、柔軟的布、薄的布、厚的布等各種不同性質的碎布片縫製美麗的作品。就在努力製作的過程中,我受到"有裡襯的和服"的啟發,想到可以縫製雙面可穿的洋裝,接著又想到利用一片一片摺疊縫製好的基本圖案組合連接起來的拼布手法,並取了"幸代拼布"這個名稱。

幸代拼布不必做邊緣的處理也不需要用到木框,不但可以事後替換部分的基本圖案,且有表裡皆可使用的雙面特徵。

幸代拼布的基本形是每邊9㎝,也就是由可被3整除的尺寸所構成,有四角形、三角形、五角形、六角形、八角形、十角形,還有後來設計出來的菱形等。

以製作方法來分類的話,四角形也有3個種類,本書介紹的是其中最基本的基本圖案,也就是把四角形布片摺疊製成四角形的基本圖案。(這個基本圖案稱為"幸代拼布No.1")

希望我花了許多時間製作的作品可以在各位縫製手作品時產生一點點的幫助。

關於設計

我考慮過一片一片地設計基本圖案並縫製出所需的片數,然後組合連接成作品的方法,和先把4片、9片、12片基本圖案設計成區塊再組合的方法等,我發現整體的色調和表現方法是非常重要的。

請試著用手邊現有的布料發揮看看,嘗試製作生活周遭的物品,如室內的小型壁飾和小物等。

如果覺得作品有什麼不足之處,就面對著作品反覆推敲看看是不是哪裡少了什麼,這個作業對設計而言是非常重要的。如果希望下次的設計要比之前的設計更好,就必須藉由這個過程來累積經驗,才能慢慢發揮效果。

如果是小型的作品,即使只是加一條彩色線的縫紉,也可能會變得更棒,請多下點工夫慢慢地仔細縫製,並逐步朝向大型作品邁進。

我從以「日本的四季」為主題開始縫製各式各樣的作品已經很久了,但大自然總是能在不同的季節為人們繪製形形色色"讓人們心情平靜的美景",不論何時眺望都令我深深地感動。我把大自然所演奏的令人心曠神怡的氣氛和美麗的印象慎重地保存在我心中的儲藏室裡以便將來設計之用。這本書就刊載了許多來自這個儲藏室的作品,請各位參考看看。

請在完成的作品上標明製作年份及作者姓名。因為也許有一天,作品會離開製作人的手獨自去旅行…。

(圖)正在鈕倫堡市進行指導的村木幸代老師。

關於布料

木棉、麻、化纖、羊毛、絹、針織物、蕾絲等，只要是針能通過，可以縫製衣服的素材，全部都可以拿來製作幸代拼布。

超薄高級棉布、薄綢、紗布等的薄布料為了加強布料的厚度、強韌度或美感，可以利用素布做裡襯，只要多下點工夫，這些都是可以使用的。

燈芯絨及天鵝絨等比較適合製作大型基本圖案的作品。(請看第47頁的床罩。要注意絨毛的方向，熨燙時也要小心)

請多多了解各種布料的性質並廣泛地使用，創造出更豐富設計和更有個性的作品。

關於古代裂

我用古代裂創作的作品「源遠流長」(第10頁)是在平成10年6月舉辦的「98年國際拼布博覽會」上展出的作品。因長久使用而變薄的部分就用其他的布做裡襯，裂口較整齊的部分就縫合起來使用。

即使布料因用久而變舊了，但古代裂那吸引人的藍色還是那麼地鮮明，完美地表現出了映於江面的四季美景。河川孕育著人類的文化與生活，也是滋潤人類生命的大自然贈禮，希望這份美麗永遠都不要消逝，我是抱著這樣的願望縫製這個作品的。

藍染的古代裂和縐綢都是日本偉大的文化遺產，我希望能把較大片的裂布保存下來，留傳給後世的人欣賞。

毀損得較厲害的裂布只要在裡側加上裡襯，一樣可以做成完美的作品，希望能把古代裂的情緒永遠流傳下去。

在海外也很受歡迎的"摺布拼布"

平成9年10月30日及31日兩天，在仍然保存著中世紀手工藝與傳統的美麗都市德國紐倫堡市，有一場由紐倫堡市及市觀光局主辦的「97年日本文化祭」，我和我的幸代拼布一起參加了。

會場中展示了「錦秋」、「星彩」、「初冬」、「雪山的小庭園」等許許多多的作品，有些在本書中也有刊登，請各位看一看。

我在會場中實地表演了幸代拼布No.8(把圓形布片摺疊製作成三角形的基本圖案)的製作方法，藉著手工藝和德國的人們做了一次很棒的交流。

另外，平成10年3月30日至4月1日間，在美國華盛頓州塔可瑪市的YMCA、圖書館、教會等3個會場舉辦了5次的講習會。

從西雅圖塔可瑪機場驅車往北走，沿途的風景有著北海道的感覺，約30分鐘就到達美麗的港口都市塔可瑪市，每個會場都聚集了許多熱衷於拼布藝術的人們。

我先介紹了幸代拼布No.10(把圓形布片摺疊製作成正方形的基本圖案)的製作方法，再利用實物及幻燈片請大家欣賞幸代拼布的作品。就這樣"摺布拼布"也託大家的福一點一點地推廣到海外了。

我會再更努力地研究，希望能繼續創作出美麗的幸代拼布。

大型壁飾

帶著一片片大型的壁飾到千葉縣松戶市的「21世紀森林廣場」去野餐。

到公園散步的人們都前來欣賞和詢問，這就是"郊外拼布展"的樂趣。

請各位也看看這些大型壁飾展開時的美麗模樣。

1 花 180×432cm 參考作品

油菜花、水仙、鈴蘭、薰衣草、紅花、向日葵、秋櫻等，日本有很
多著名的賞花名勝。不過這裡要用大大的布來想像"花田"，請各位
欣賞開滿芳香撲鼻的大"花"的作品。來到「21世紀森林廣場」接觸
大自然的美，心靈也跟著平靜柔和了起來。

由60片基本圖案L所構成。

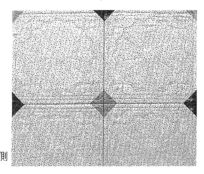

裡側

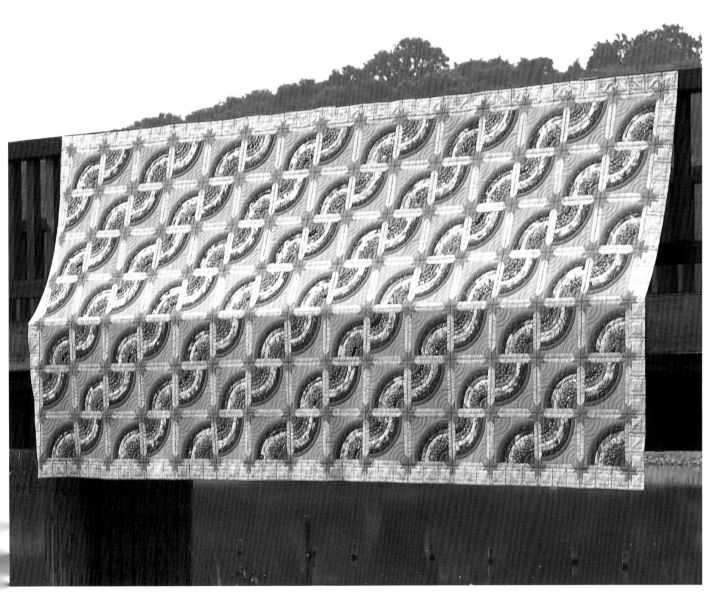

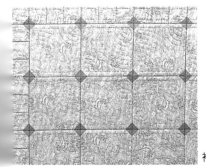

裡側

2 早春的淀川 184×376cm 製作方法在第99頁

在枚方大橋上眺望京都方面剛剛冒出的新芽。從桂川、鴨川、宇治川溶解的雪水在這裡合流，水量豐沛且沒有淤積的河川最後注入大阪灣中。利用黑格子和淺色系印花布設計出河川的風情。

由44片A、92片G和105片M的基本圖案所構成。

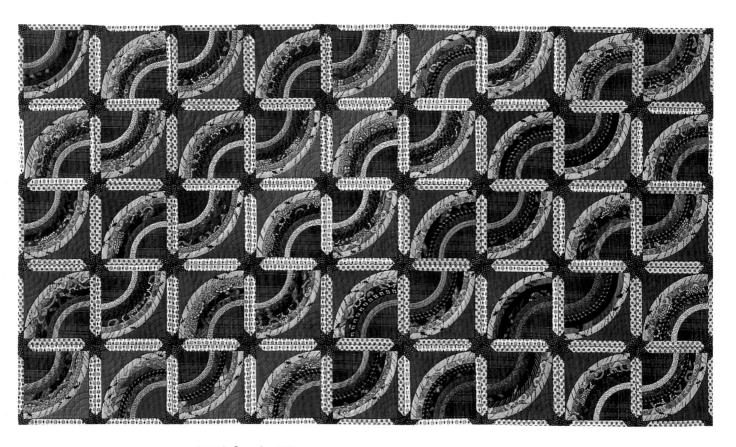

3 源遠流長 135×243cm 參考作品

底布的白絣布是新時代的產物，檔布則是從破舊的古代裂中挑出可用的部分，變薄的地方就加上內襯做補強。整件作品是由各種不同的裂布所構成，可以看到各個時代的痕跡。古代裂的藍色愈用愈讓人感到一種冷峻而神奇的生命力。主題是孕育人類生活與文化並賜予滋潤的大自然贈禮…河川…。希望這份美麗永遠都不會消逝，在這樣的期盼下設計出倒映於水面上四季風情。

由45片基本圖案M(應用)所構成。

4 早晨窗邊的雪景 180×342cm 參考作品

隆冬的朝日緩緩上昇，凝結在窗戶玻璃上的"霜"也一點一點地溶
化了，從溫暖的室內靜靜凝望著窗外的雪景。把嚴冬早晨的表情
想像成直線的結構，用印象的方式表現出來。

由4片A、108片E和72片M(應用)的基本圖案所構成。

裡側

5 飛翔 I 189×135cm 參考作品

附近站前廣場的山毛櫸每年一到夏天就成為大量椋鳥休息的地方。

天剛亮，樹梢一開始搖動就全體迎風飛起。那種景象只能用壯觀來形容。

由178片A、5片C、24片E和108片G的基本圖案所構成。

裡側

6 飛翔 II 180×126cm 參考作品

在上空飛舞的椋鳥在盤旋一陣之後又集結成群，一起往遠處飛去了。

利用基本圖案G設計出"成群飛舞"的感覺。

由136片A和144片G的基本圖案所構成。

裡側

7 夕照 216×162cm 參考作品

夕陽西下，周圍也隨著昏暗下來，仍能看見幾道餘輝將雲朵染成美麗的色彩。
以斜斜配置的深灰色素布為底，讓雲朵的色彩產生微妙的變化，設計成太陽一
點一點逐漸沒入的感覺。

由102片A、17片C、42片E和271片G(應用)的基本圖案所構成。

裡側

8 錦秋 216×180cm 參考作品

從手邊既有的布中找出秋天楓紅的顏色和秋季天空的顏色等能令人聯想到秋天
的顏色，試著利用這些布演出滿山楓紅的華麗景象。山上的景色自然更加華
麗，但考慮到要裝飾在室內，特別減少了紅色的"份量"。
由480片基本圖案A所構成。

裡側

9 秋 225×162cm 製作方法在第96頁

這個設計要表現的是，在秋陽照射下，北山杉整齊且寧靜地佇立在山坡上的模樣。

大自然的美景能夠治癒人心，這件作品想要傳達的就是這個意念。

由372片A和78片E的基本圖案所構成。

裡側

裡側

10 從樹枝空隙照過來的陽光 198×144cm 參考作品

炎炎夏日，沿著森林深處的小徑慢慢走，"從樹枝空隙照過來的陽光"隨風搖曳著。構圖非常樸素，試著挑戰看看。

由46片A、14片C、68片E和224片G的基本圖案所構成。

11 春 198×126cm 製作方法在第95頁

底布用了淺粉紅色小碎花和米白色2種顏色，檔布則用了花朵圖案和格子、條紋、
素布等多種顏色。這件作品設計的是空氣中尚存一絲寒意的初春時節。

由240片A、64片B和4片D的基本圖案所構成。

裡側

12 風車 Ⅰ 225×171cm 參考作品

充滿元氣的風車迎著風"呼嚕呼嚕"地迴轉。把有貼布繡的基本圖案和壓線的基本圖案排列成市松模樣，享受重拾童心的快樂。以18片(風車1)、5片(風車2)、1片(風車3)的基本圖案N設計出不同大小的作品，不同的風情也增加了使用的樂趣。

由28片A、80片E、52片G、18片N和7片只有壓線的N基本圖案所構成。(風車1的情形)

13 風車 Ⅱ

171×90cm 製作方法在第100頁

裡側

14 風車Ⅲ 63×63cm 參考作品

15 初冬

171×171cm
製作方法在第102頁

從寒冬的鉛色天空中降下來自初雪的訊息。"雪之精靈"以美麗的舞姿優雅地飄落。

由20片A、68片B、4片D、44片G、13片O和12片只有壓線的O基本圖案所構成。)

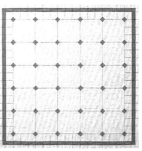

裡側

16 回力鏢

144×144cm
製作方法在第97頁

以米白色為底，搭配80種顏色的花紋布，設計出16組回力鏢的圖案，併排在一起。也請看看第43頁的回力鏢作品。

由88片A、64片C和104片E的基本圖案所構成。

裡側

17 雪山的
小庭園
180×180cm 參考作品

在冬天枯木林立的小庭園裡，種了滿園的各色草花隨風搖曳著。用基本圖案H來表現冬季萬物枯萎的意象，用基本圖案G來表現草花。這個構想來自於我不知何時停下腳步望見的"風景"。

由8片A、136片E、132片G和124片H的基本圖案所構成。

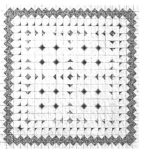

裡側

18 氣息
189×135cm
製作方法在第98頁

以淺色大理石模樣的印花布為底，再活用嫩草色的布、白色圓點印花布及粉紅色碎花布等3種布的搭配，表現嫩綠的新芽剛剛冒出頭來的美麗季節。

由8片A、247片G和60片I的基本圖案所構成。

裡側

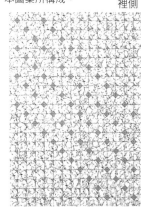

方便實用的各種袋形

前所未見的各種有趣造型包包。

用「摺布拼布技巧」中最基本的圖案A~Q拼縫成33種漂亮的袋形。

19 用2片基本圖案A製作的迷你束口袋 製作方法在第68頁

把2片基本圖案A縫合在一起，從口部的左右兩端穿過緞帶，一拉緊，就變成漂亮的迷你束口袋了。可以收納戒指、飾品或乾燥花等，也可以整理身邊的小物，是既好看又實用的小物收納袋。

基本圖案 A

20
迷你束口袋
製作方法在第68頁

21
附口袋的三摺小置物夾
製作方法在第69頁

22
唇膏收納袋
製作方法在第68頁

基本圖案 N

23 化妝包 製作方法在第84頁

基本圖案 N

24 迷你茶室袋 製作方法在第84頁

基本圖案 L

25 茶室袋 製作方法在第81頁

用基本圖案A和基本圖案N製作的收納袋

26
附口袋的手提包
製作方法在第70頁

基本圖案 A

28 手提包2款 製作方法在第85頁

27 同系列的迷你束口袋 製作方法在第68頁

基本圖案 N

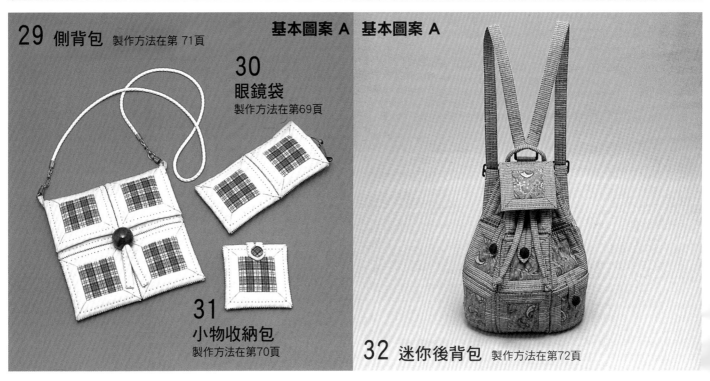

基本圖案 A

29 側背包 製作方法在第71頁

30
眼鏡袋
製作方法在第69頁

基本圖案 A

31
小物收納包
製作方法在第70頁

32 迷你後背包 製作方法在第72頁

33
用緞帶裝飾的附口袋手提包 製作方法在第71頁

34
用緞帶裝飾的附口袋束口包
製作方法在第74頁

只用基本圖案A製作的包包

35
托特包
製作方法在第74頁

36
附拉鍊的托特包
製作方法在第75頁

37
稍大型的手提包
製作方法在第75頁

38
附口袋的托特包
製作方法在第76頁

27

只用基本圖案A製作的包包

40
底部收束的時尚包
製作方法在第77頁

41 小物收納包 製作方法在第78頁

42
深底托特包2款
製作方法在第78頁

43
兩側綁緞帶的時尚包
製作方法在第79頁

44
迷你波士頓包
製作方法在第80頁

45 四面提包
製作方法在第81頁

用基本圖案A、G、L、P、Q製作的包包

46
基本圖案A+G的
箱型提包
製作方法在第82頁

47
基本圖案L的
和式提包
製作方法在第83頁

48
基本圖案G的
手提包
製作方法在第83頁

49
基本圖案G的側背包
製作方法在第82頁

50
基本圖案Q的
附拉鍊手提包
製作方法在第85頁

51 基本圖案P的斜背包
製作方法在第88頁(右‧基本圖案P的應用)參考作品

從杯墊到床罩

請試著縫製一片基本圖案A。然後再縫製一片。

把這2片用「幸代縫」(請參照第53頁) 連接起來,就完成雙面拼布的製作了。

用各種顏色花紋的布縫製出需要的片數,然後組合起來,享受表裡不同樣貌的樂趣。

以基本圖案A為主角的用餐時間

52
桌面裝飾巾 I
139×38cm
製作方法在第90頁

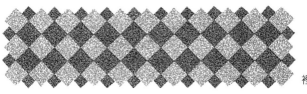

裡側

54
筆座
製作方法在第79頁

53 桌面裝飾巾 II 81×27cm 製作方法在第90頁

57
正方形淺盤
製作方法在第92頁

58
小淺盤
製作方法在第79頁

56
長方形淺盤
製作方法在第91頁

55 **桌面裝飾巾Ⅲ** 178×51cm 製作方法在第91頁

桌面裝飾巾裡側

59 基本圖案A、B、D、E的桌巾 162×162cm 製作方法在第96頁

每一片基本圖案的底布都是144種不同顏色花紋的布當中的一種，利用淺色花朵圖案的檔布做出作品的整體感。考慮到使用上的便利性，把深色系的基本圖案配置在中央。

由152片A、56片B、4片D和112片E的基本圖案所構成。

裡側

60 用緞帶裝飾的基本圖案A抱枕2款 製作方法在第93頁

61
用1片基本圖案A製作的杯墊
製作方法在第76頁

雙面皆可使用的抱枕套

62
使用基本圖案A
製作方法在第92頁

63
使用基本圖案K
參考作品

64
使用基本圖案A
製作方法在第93頁

65

66

67

65
使用基本圖案J
參考作品

66
使用基本圖案F
參考作品

67
使用基本圖案AM
製作方法在第94頁

小型壁飾及床罩

68 門扉

162×90cm 參考作品

檔布是將細長的布條以對稱併排的方式縱向連接而成的。每一片基本圖案看起來都很單純，但多片排在一起時，就有了厚重的感覺。寒冬的夜裡，在玻璃門的內側掛上一片手縫的作品，悠閒舒適地消磨時間，這就是最棒的了。

由8片A、44片G和16片Q(應用)的基本圖案所構成。

69 漩渦

112×112cm 製作方法在第98頁

這件作品和第9頁的"早春的淀川"是同時進行且同時完成的。枯葉等被捲入了漩渦中，最終隨著流水而去…。把川面的樣貌呈現在壁飾上。

由16片A、36片G和16片M的基本圖案所構成。

裡側

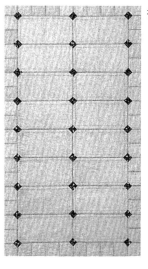

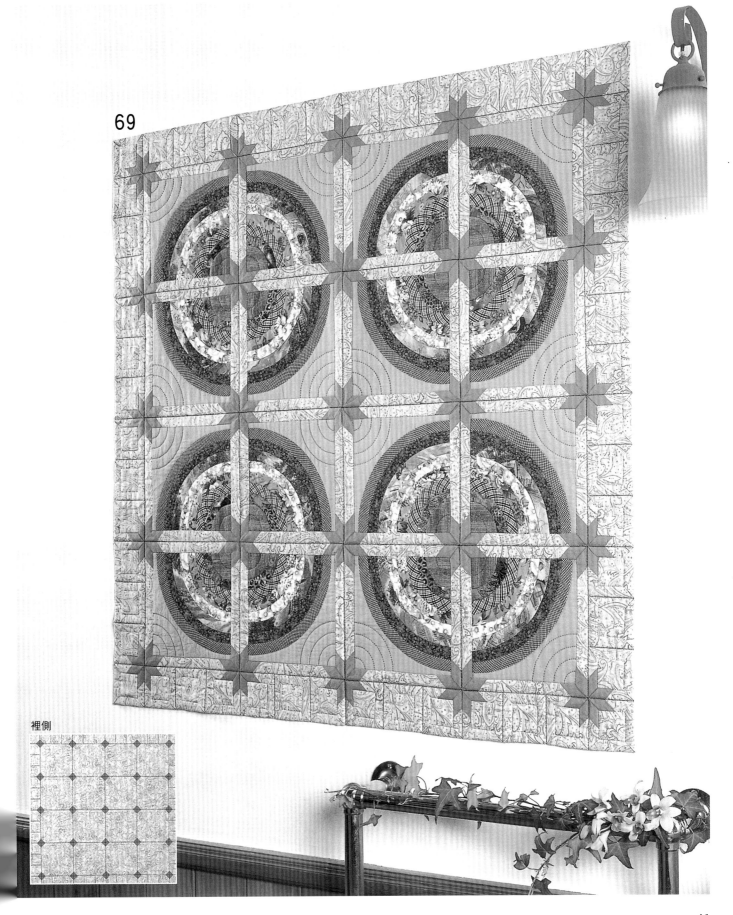

69

裡側

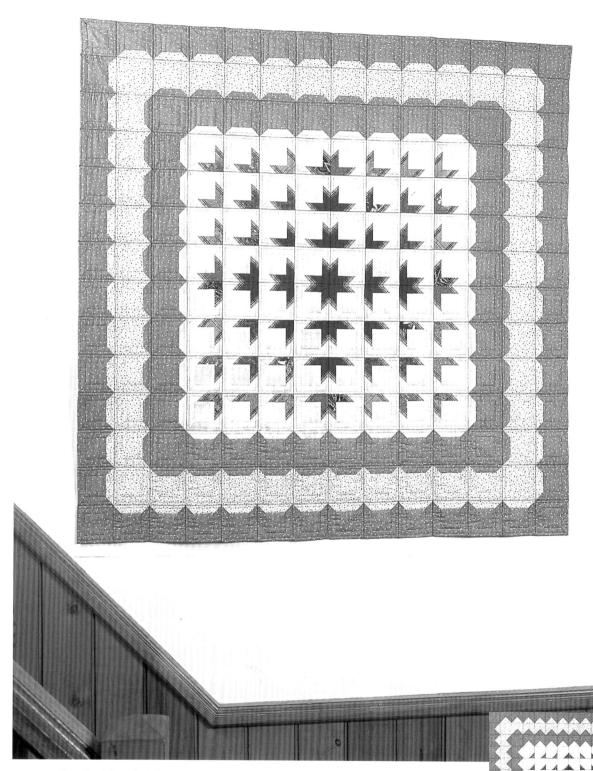

70 小小的波紋 126×126cm 製作方法在第97頁

這件作品是先製作配色與基本圖案H(請參照第48頁)相同的4個單位,然後使深色
部分集中於中心,四周再用基本圖案E圍起來。

由12片A、120片E和64片H的基本圖案所構成。

裡側

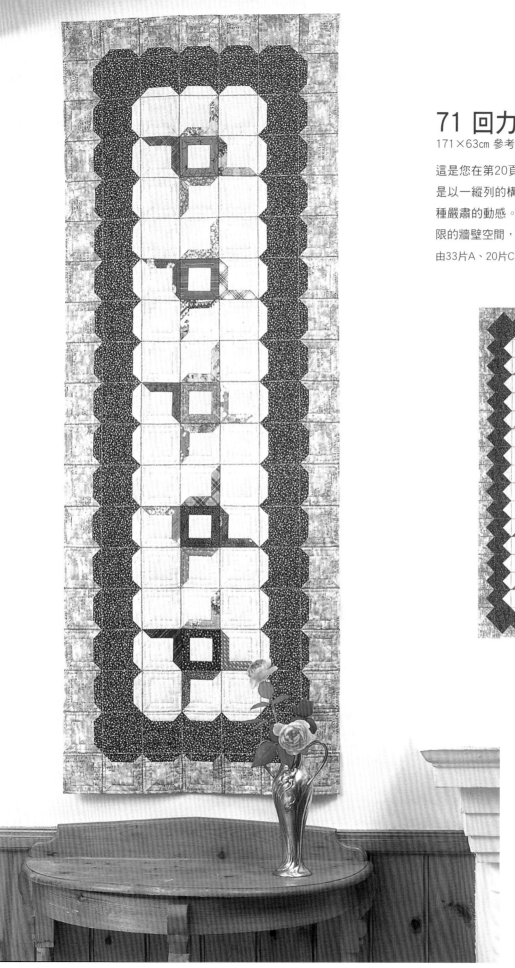

71 回力鏢

171×63cm 參考作品

這是您在第20頁所看到的作品的應用。此處是以一縱列的構圖來表現,想要呈現的是一種嚴肅的動感。這個設計適合擺在細長且有限的牆壁空間,或是大桌子的中央。

由33片A、20片C和80片E的基本圖案所構成。

裡側

72 花簪

144×108cm 參考作品

歲末的京都。我在東寺的"弘法廟會"中看見師傅以精巧的手藝製作了一個品味出眾的"花簪"。我試著用基本圖案L再次重現那裝飾得美侖美奐的花簪。

由8片A、88片E和6片L(應用)的基本圖案所構成。

裡側

73 一枝獨秀

108×108cm 製作方法在第100頁

在一朵紅色大花的周圍裝飾各種
不同顏色的小花，再往外圍擴
張，再配置一些草花…。就像在
花架上栽種各種植物一樣，我邊
在心中勾勒這種美好的心情，邊
設計出這件小品。

由8片A、56片E、64片G和1片L的基
本圖案所構成。

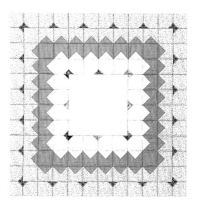

74 花紋

162×126cm 參考作品

用較為樸素的色調縫製6片相同配
色的基本圖案L。使這6片基本圖
案中貼布繡的淺色系部分朝向內
側，外圍再配置由2種顏色構成的
基本圖案F，強調出作品的格調
感。

由8片A、104片E、44片G和6片L的基
本圖案所構成。

裡側

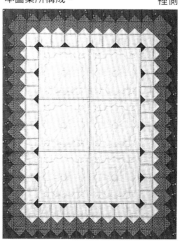

75
床罩
[星彩]
225×189cm 製作方法在第94頁

76
椅背裝飾巾
100×50cm 製作方法在第95頁

我在棉布店發現5種不同顏色且印有漂亮花紋的絨面呢。在觸摸著布的同時，我想起了小時候仰望著北國夜空的情景。於是我立刻計算了一下用量並買了下來，拼命地縫，完成這個充滿回憶的作品。這種既有張力又有光澤感的美麗絨面呢現在已經很不容易在店裡見到了，真是令人寂寞啊！

由525片基本圖案A所構成。

床罩的裡側　　椅背裝飾巾的裡側

77
天鵝絨床罩
216×192cm 參考作品

這個作品是用有絨毛的動物斑紋薄大衣料搭配素色的天鵝絨。
檔布的空間較寬，因此特別用手縫線來保留素材的原始風味。
基本圖案採用市松模樣的排列，試著表現出沉穩的和風感。
由72片基本圖案N(應用)所構成。

裡側

基本圖案 A~Q 的表情

● 這裡要介紹的是「摺布拼布技巧」中最基本的部分，也就是本書中所採用的「幸代拼布No.1」的基本圖案A~Q。

● 本書是以左方的照片為表側，右方的照片為裡側做解說，但由於是「雙面拼布」的關係，把哪一側當成表側都OK。讀者可以利用基本圖案A~Q做各式各樣的組合，讓表側與裡側的各種表情排列成有趣的花樣。

基本圖案
A

製作方法
第52頁
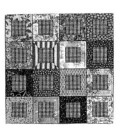

基本圖案
B

製作方法
第54頁
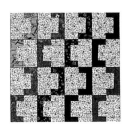
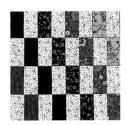

基本圖案
C

製作方法
第55頁

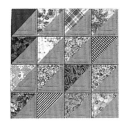

基本圖案
D

製作方法
第56頁
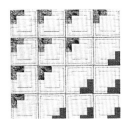
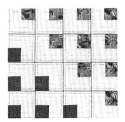

基本圖案
E

製作方法
第57頁

基本圖案
F

製作方法
第58頁

基本圖案
G

製作方法
第59頁
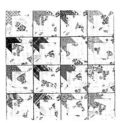
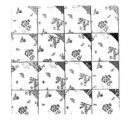

基本圖案
H

製作方法
第60頁
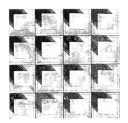
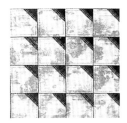

●基本圖案A~K是把16片9×9cm的基本圖案用「幸代縫」連接起來，變成36×36cm的抱枕套。
　請讀者欣賞表側與裡側的不同表情。
●L~Q的基本圖案則只有1片基本圖案。

基本圖案

I

製作方法
第61頁

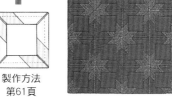

基本圖案

J

製作方法
第62頁

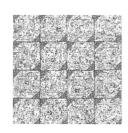
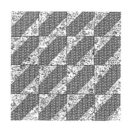

基本圖案

K

製作方法
第63頁

基本圖案

L

製作方法
第64頁

1片基本圖案36×36cm

基本圖案

M

製作方法
第65頁

1片基本圖案24×24cm

基本圖案

N

製作方法
第101頁

1片基本圖案27×27cm

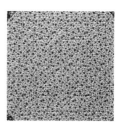

基本圖案

O

製作方法
第102頁

1片基本圖案27×27cm

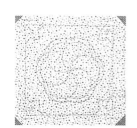

基本圖案

P

1片基本圖案
18×18cm

製作方法第88頁

基本圖案

Q

1片基本圖案
18×36cm

製作方法第86頁

49

製作前請先閱讀

布料要先"過水"再使用

新的布料在使用之前一定要先洗過一次，用手輕輕地洗掉除多餘的染料、漿糊和油份，然後脫水。(這個作業稱為"過水")

脫水後的布要盡快晾乾，方法是在桌子或檯子上先舖一層塑膠布，再舖上浴巾，然後把布攤開舖上，用手掌輕拍整理布目並陰乾。最後用熨斗輕輕地燙一燙，這樣布就隨時可以用了。

髒了的古代裂等要先撢掉灰塵再清洗。用稀釋的肥皂水(請使用不含漂白劑和螢光劑的肥皂)手洗，然後換水洗淨，最後依照與過水相同的要領處理好。

更紗需注意不要洗過頭了。

內襯

基本圖案中一定要放入填塞物。網底舖棉(拼布用的棉襯，以厚度在1mm左右者最適合)由於使用簡便的關係，最近較為常用，也可以把無法重彈的舊棉絮撕成薄片，依照和網底舖棉一樣的方法使用。

法蘭絨、舊毛衣等用冷水或溫水浸泡至充分收縮後也是很好的填塞物，請多嘗試活用沉睡的材料。

線

疏縫線：拷克機用的機縫線最適合(使用美國針6號)。也可以用細的棉線。

縫紉線：細的棉線或是化纖線(使用美國針9號)。拼縫布與布時用2條線，縫合檔布或貼布繡時用1條線。

裝飾縫線(壓線等)：較細的壓線就用細的縫線(使用美國針9號)來縫，較粗的壓線就用縫釦線(使用美國針6號)來縫，請配合不同的設計選用。

拼縫線：要用"幸代縫"(請參照第53頁)連接基本圖案和基本圖案時，就用粗棉線(20號)或是縫釦線(20號)。(使用美國針6號)

縫紉羊毛布或絹布時要用絹質的縫線或是穴線。

無特別指定時都是用1條線。

上蠟

縫釦線或絹質穴線都要先用洋裁用的蠟"上蠟"後再使用。線的滑順度會變好，絨毛也不會跑到表面來，線不容易斷裂，用到最後還是很安定，針目也會很漂亮。

縫紉線也一樣，如果有斷裂的情形，只要輕輕地(約1次)上一層蠟，就會變得很好用。

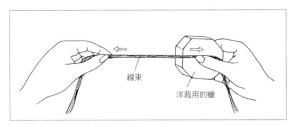

線束
洋裁用的蠟

以60~70cm左右的長度剪下幾條線，整束夾在蠟塊與姆指之間，拉線使蠟附著於線上。

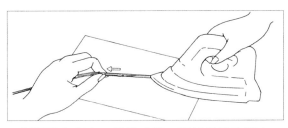

把線放在布上，用熨斗燙一燙使蠟滲入線中。(如果是化纖線就用中溫)重複這個作業3~5次。

剩餘的線

把剩餘10~20cm的線存放在空瓶裡，不要浪費，將來可以用在較短的縫合或壓線上。

用具

紙型

　摺布拼布(幸代拼布)在裁剪布片時要用到「裁剪用紙型」，以及將裁好的布片摺疊起來時用的「摺疊用紙型」2種。

工作用紙

　製作「裁剪用紙型」、「摺疊用紙型」和「底板」等時，文具店販賣的"工作用紙"(印有方格的厚紙板)最適合，也可以利用空箱子等。

方格紙

　用於決定作品的構圖或設計時。壁飾用10分之1左右的縮小比例畫出完成圖，塗上與感覺相近的顏色，就可以輕易估算出所需的基本圖案片數及布的尺寸。

自動鉛筆

　畫圖或在布上做記號時可以一直用相等的粗細度畫出安定的線條，非常便利。準備H、B、2B等，配合布的顏色來使用。

色鉛筆

　用於把圖塗成不同的顏色及在深色布上做記號時。

尺

　準備20cm、30cm、50cm這3支，用起來就很方便了。

量角器

　在畫圖或製作紙型時用來確認角度。

圓規

　用於圖案的繪製。

紙用剪刀

　用於裁剪畫在工作用紙上的紙型等時。

布用剪刀‧線用剪刀

　用於裁剪布料或網底舖棉時。如果有剪線專用的線用剪刀就更方便了。

錐子

　要將貼布繡圖案的紙型等在檔布上做記號時就會用到。還有用縫釦線縫紉時，起針處要把線結拉到基本圖案內隱藏起來，也要用錐子開孔。
(基本圖案A的製作方法請參照第53頁的19‧20)

針

　請配合線的粗細度使用美國針6號或9號。(請參照線的部分)

珠針

　在縫合布片、檔布或貼布繡時用來暫時固定。以纖細強韌且頭部較小的絲針最適合。要插在不會影響到下一個作業的位置上。

頂針器

　戴在中指上使用。

洋裁蠟 (請參照上蠟的部分)

熨斗

　雖然也有小型的，但是用普通的家用熨斗也可以。

熨板

　請選擇稍硬且較為安定的熨板。

幸代拼布NO.1

基本圖案A是"摺布拼布(幸代拼布)"中最基本的圖案。請先製作2片"基本圖案A"並試著用"幸代縫"連接起來,瞭解一下摺布拼布的原理和樂趣。

本單元將會詳細解說基本圖案A~M的製作方法,基本圖案B以後的都是基本圖案A的應用,所以建議您先學會基本圖案A的製作方法。

接下來請試著做做看基本圖案B。表側與裡側是完全不同的,順便瞭解一下摺布拼布的特徵,也就是"雙面拼布"的樂趣。

基本圖案C~M有更多表側與裡側的變化,這裡會詳細解說發展這些圖案的技巧。

另外,基本圖案N~Q會在「作品的製作方法」的頁面中解說。

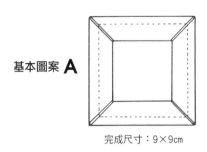

基本圖案 **A**

完成尺寸:9×9cm

1 利用工作用紙製作紙型。

底布
裁剪用紙型
15 / 15

底布摺疊用紙型
9 / 9

網底舖棉
裁剪用紙型
8.6 / 8.6

檔布
裁剪用紙型
6.5 / 6.5

檔布
摺疊用紙型
5 / 5

紙型上所畫的中心線和對角線請置於各布片的中央做為參考。

2 依照紙型裁剪各布片。

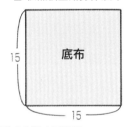

底布
15 / 15

網底舖棉
8.6 / 8.6

檔布
6.5 / 6.5

新的布請務必先過水再使用。

3

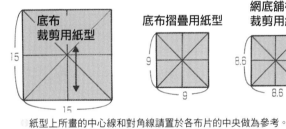

底布摺疊用紙型

在底布的中央擺上「底布摺疊用紙型」,按照1~4的順序順利摺起來並用熨斗熨燙。

4

5

摺

取出紙型,把角攤開並如圖般摺起來。

6

摺

摺上方。

7

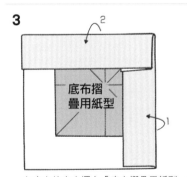

摺

把旁邊摺起來。

8

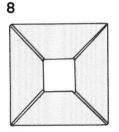

剩下的角也依照相同要領重新摺好。

9

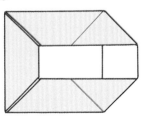

置入網底舖棉。

10

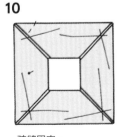

疏縫固定。
(疏縫線·美國針6號)

11 製作檔布。

在檔布上擺放「檔布摺疊用紙型」，依圖摺疊並用熨斗熨燙。

12

取出紙型。

13

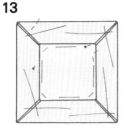

把檔布放在10的底布中央，疏縫固定。

14

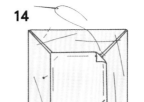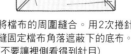

將檔布的周圍縫合。用2次捲針縫固定檔布角落遮蔽下的底布。（不要讓裡側看得到針目）
使用1條縫紉線・美國針9號

15

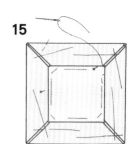

把檔布的角放回原處，用2針捲針縫固定。（不要讓裡側看得到針目）

16

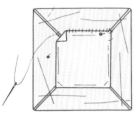

一針一針地沿著檔布縫立針縫，針要穿透到裡側使針目顯現出來。

17

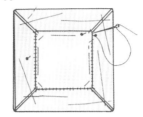

依照14~16的要領縫合，最後打個結並在根部入針，把線結拉進去。

18

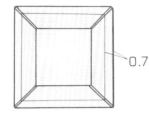

0.7

用自動鉛筆畫好壓線記號。

19

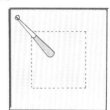

用錐子在底布上開一個孔。

20

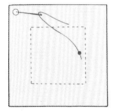

針從孔內穿出到表側，把線結隱藏到裡面。
（縫釦線・美國針6號）
縫釦線要先上蠟（請參照第51頁）再使用。

21

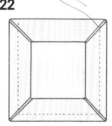

在角落縫一針回針縫。

22

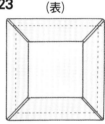

以每邊16~18目的針目進行壓線。角落一定要縫一次回針縫。

23 （表）

最後從裡側出針並打結，從根部入針並把線結拉到基本圖案中隱藏。

24

完成一片基本圖案了。
（裡）

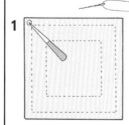

底布周圍的壓線依布的素材或設計不同，有時也會用縫紉線（美國針9號）來縫。

基本圖案的連接方法 (幸代縫的方法)

1

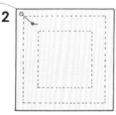

用錐子在基本圖案裡側的角落開一個孔。

2

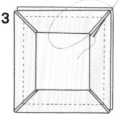

通過1的孔從基本圖案的角落出針。

3

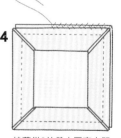

背對背對齊地拿著2片完成的基本圖案，用小針目在角落縫2次捲針縫。

4

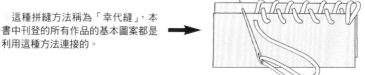

接著從2片基本圖案之間重複往對面縫及往自己這邊縫的作業。結束的角也要縫2次捲針縫固定，最後從基本圖案裡側的角落出針。
在根部打結，然後從與根部相同的孔入針，把線結拉進去隱藏。

這種拼縫方法稱為「幸代縫」，本書中刊登的所有作品的基本圖案都是利用這種方法連接的。

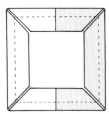

基本圖案 B

完成尺寸：9×9cm

1 製作紙型。

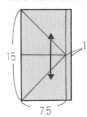
底布裁剪用紙型

底布摺疊用紙型

網底鋪棉
裁剪用紙型

檔布
裁剪用紙型

檔布
摺疊用紙型

2 依照紙型裁剪各布片。

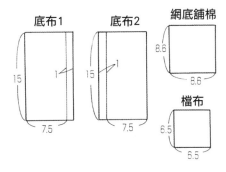

底布1　　底布2　　網底鋪棉

檔布

用自動鉛筆在底布的裡側畫好縫目線。

3 連接底布。

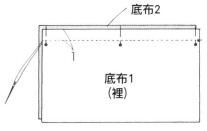

使2片底布面對面地對齊，插上珠針固定。用美國針9號穿上2條縫紉線沿著完成線縫紉。仔細地將被縫縐的地方推平，打結，把線剪斷。

4

底布1
（裡）　　底布2
（裡）

把縫份攤開並用熨斗燙平。

5 製作底布和檔布。

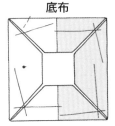

底布

檔布

（裡）

（請參照第52・53頁基本圖案A的製作方法3~12）

6 完成基本圖案的製作。

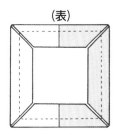
（表）

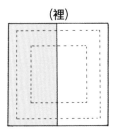
（裡）

（請參照第52・53頁基本圖案A的製作方法13~23）

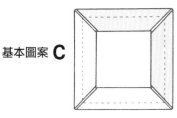

基本圖案 **C**

完成尺寸：9×9cm

1 製作紙型。

底布
裁剪用紙型

15
15
15
1

底布摺疊用紙型

9
9

網底舖棉
裁剪用紙型

8.6
8.6

檔布
裁剪用紙型

6.5
6.5

檔布
摺疊用紙型

5
5

支力布裁剪用紙型

2
6

2 依照紙型裁剪各布片。

底布1(裡)
底布2
(裡)

15
15
15
15
1

用自動鉛筆在底布的裡側
畫好縫目線。

網底舖棉

8.6
8.6

檔布

6.5
6.5

支力布

2
6

3 連接底布。

底布2
底布1
(裡)

1

使2片底布面對面地對齊，插上珠針固定，縫合。
（2條縫紉線・美國針9號）

4

底布2
(裡)
底布1
(裡)

把縫份攤開並用
熨斗燙平。

把縫份攤開並用熨
斗燙平。

5 把支力布靠上來。

底布1
(裡)
底布2

使支力布在外另一側、縫份在自己這一側，縫合。
（疏縫線・美國針6號）

6

底布2
底布1
(裡)

縫到末端後改變方向，把另外一邊也
縫到末端。

7

底布2
(裡)

浮0.5cm

讓線浮在布上

底布1
(裡)

8 製作底布和檔布。

底布

檔布

(裡)

（請參照第52・53頁基本圖案A的製作方法3~12）

9 完成基本圖案的製作。

(表)
(裡)

（請參照第52・53頁基本圖案A的製作方法13~23）

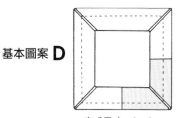

基本圖案 D

完成尺寸：9×9cm

1 製作紙型。

底布
裁剪用紙型1

15

7.5

7.5

底布
裁剪用紙型2

7.5

7.5

7.5

底布摺疊用紙型

9

9

網底舖棉
裁剪用紙型

8.6

8.6

檔布
裁剪用紙型

6.5

6.5

檔布
摺疊用紙型

5

5

支力布裁剪用紙型

2
2
4
4

2 依照紙型裁剪各布片。

底布1

15

7.5

底布2

7.5

7.5

用自動鉛筆在底布的裡側
畫好縫目線。

網底舖棉

8.6

8.6

檔布

6.5

6.5

支力布

2
2
4
4

3 連接底布。

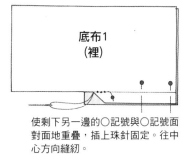

底布1
（表）

底布2
（裡）

使用2條
手縫線·
美國針9號

使底布1與2的×記號與
×記號面對面地對齊，
插上珠針固定。從比中
心稍微內側一點的位置
往中心方向縫紉。

4

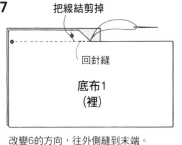

底布1
（表）

把線結剪掉。

底布2
（裡）

接著改變3的方向，往外側縫到末端。

5

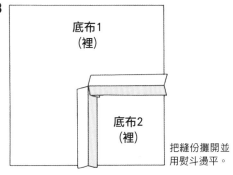

底布1
（裡）

只有底布1要剪牙口，
剪到縫目的邊緣。

6

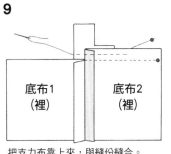

底布1
（裡）

使剩下另一邊的○記號與○記號面
對面地重疊，插上珠針固定。往中
心方向縫紉。

7

把線結剪掉

回針縫

底布1
（裡）

改變6的方向，往外側縫到末端。

8

底布1
（裡）

底布2
（裡）

把縫份攤開並
用熨斗燙平。

9

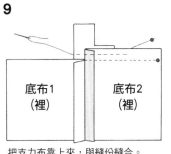

底布1
（裡）

底布2
（裡）

把支力布靠上來，與縫份縫合。
（疏縫線·美國針6號）

10

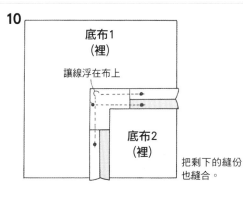

底布1
（裡）

讓線浮在布上

底布2
（裡）

把剩下的縫份
也縫合。

11 完成基本圖案的製作。

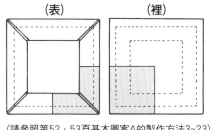

（表）　　（裡）

（請參照第52·53頁基本圖案A的製作方法3~23）

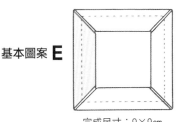

基本圖案 **E**

完成尺寸：9×9cm

1 製作紙型。

底布
裁剪用紙型2

底布
裁剪用紙型1

底布摺疊用紙型

網底鋪棉
裁剪用紙型

檔布
裁剪用紙型

檔布
摺疊用紙型

支力布裁剪用紙型

2 依照紙型裁剪各布片。

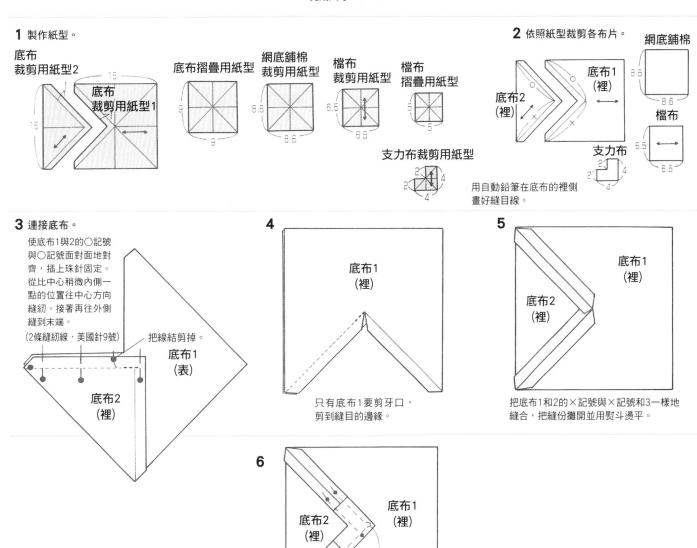

網底鋪棉

底布1
（裡）

底布2
（裡）

檔布

支力布

用自動鉛筆在底布的裡側
畫好縫目線。

3 連接底布。

使底布1與2的○記號
與○記號面對面地對
齊，插上珠針固定。
從比中心稍微內側一
點的位置往中心方向
縫紉。接著再往外側
縫到末端。
（2條縫紉線．美國針9號）

把線結剪掉。

底布1
（表）

底布2
（裡）

4

底布1
（裡）

只有底布1要剪牙口，
剪到縫目的邊緣。

5

底布1
（裡）

底布2
（裡）

把底布1和2的×記號與×記號和3一樣地
縫合，把縫份攤開並用熨斗燙平。

6

底布2
（裡）

底布1
（裡）

讓線
浮在布上

擺上支力布，與縫份縫合。
（請參照第56頁基本圖案D的9和10）

7 製作底布和檔布。

底布

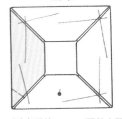

檔布

（請參照第52．53頁基本圖案A的製作方法3~12）

8 完成基本圖案的製作。

（表）

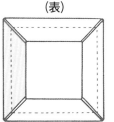

（裡）

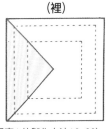

（請參照第52．53頁基本圖案A的製作方法13~23）

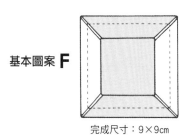

基本圖案 **F**

完成尺寸：9×9cm

---

1 製作紙型。

底布
裁剪用紙型
15

底布摺疊用紙型
9
9

網底鋪棉
裁剪用紙型
8.6
8.6

檔布
裁剪用紙型
6.5
6.5

檔布
摺疊用紙型
5
5

支力布裁剪用紙型
2
6

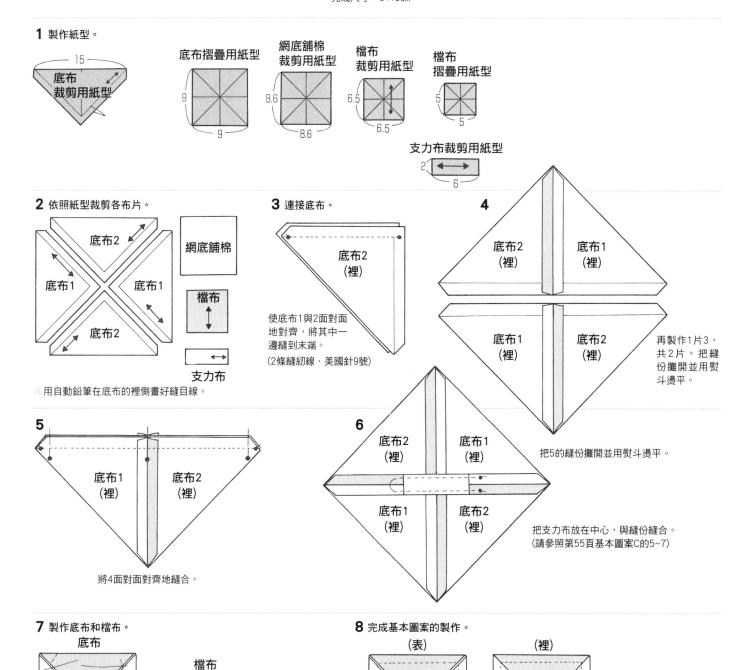

2 依照紙型裁剪各布片。

底布2
底布1　底布1
底布2

網底鋪棉

檔布

支力布

用自動鉛筆在底布的裡側畫好縫目線。

3 連接底布。

底布2
（裡）

使底布1與2面對面
地對齊，將其中一
邊縫到末端。
（2條縫紉線．美國針9號）

4

底布2　底布1
（裡）（裡）

底布1　底布2
（裡）（裡）

再製作1片3，
共2片。把縫
份攤開並用熨
斗燙平。

5

底布1　底布2
（裡）（裡）

將4面對面對齊地縫合。

6

底布2　底布1
（裡）（裡）

底布1　底布2
（裡）（裡）

把5的縫份攤開並用熨斗燙平。

把支力布放在中心，與縫份縫合。
（請參照第55頁基本圖案C的5~7）

---

7 製作底布和檔布。

底布

檔布

（請參照第52．53頁基本圖案A的製作方法3~12）

8 完成基本圖案的製作。

（表）　　（裡）

（請參照第52．53頁基本圖案A的製作方法13~23）

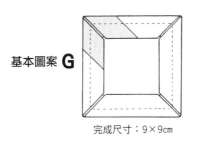

基本圖案 **G**

完成尺寸：9×9cm

1 製作紙型。

底布裁剪用紙型2

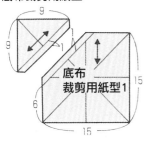

底布摺疊用紙型

網底鋪棉
裁剪用紙型

檔布
裁剪用紙型

檔布
摺疊用紙型

2 依照紙型裁剪各布片。

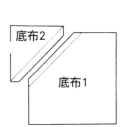

網底鋪棉

檔布

用自動鉛筆在底布的裡側畫好縫目線。

3 連接底布。

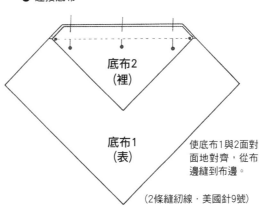

底布2
（裡）

底布1
（表）

使底布1與2面對
面地對齊，從布
邊縫到布邊。

（2條縫紉線，美國針9號）

4

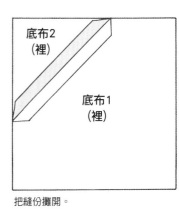

底布2
（裡）

底布1
（裡）

把縫份攤開。

5 製作底布和檔布。

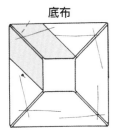

底布

檔布

（請參照第52・53頁基本圖案A的製作方法3~12）

6 完成基本圖案的製作。

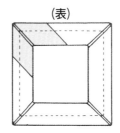

（表）

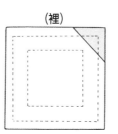

（裡）

（請參照第52・53頁基本圖案A的製作方法13~23）

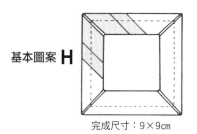

基本圖案 **H**

完成尺寸：9×9cm

1 製作紙型。

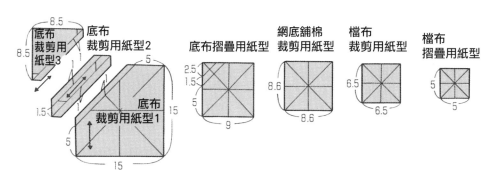

底布
裁剪用
紙型3
8.5
8.5

底布
裁剪用紙型2

底布
裁剪用紙型1
5
1
1.5
15
5
15

底布摺疊用紙型
2.5
1.5
5
9

網底鋪棉
裁剪用紙型
8.6
8.6

檔布
裁剪用紙型
6.5
6.5

檔布
摺疊用紙型
5
5

2 依照紙型裁剪各布片。

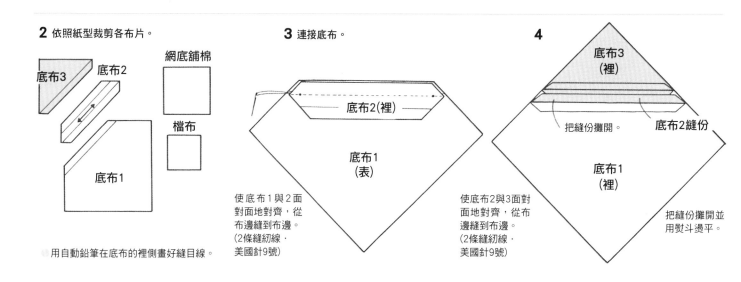

底布3　底布2

網底鋪棉

檔布

底布1

○ 用自動鉛筆在底布的裡側畫好縫目線。

3 連接底布。

底布2(裡)

底布1
(表)

使底布1與2面
對面地對齊,從
布邊縫到布邊。
(2條縫紉線,
美國針9號)

4

底布3
(裡)

把縫份攤開。

底布2縫份

底布1
(裡)

使底布2與3面
對面地對齊,從布
邊縫到布邊。
(2條縫紉線,
美國針9號)

把縫份攤開並
用熨斗燙平。

5 製作底布和檔布。

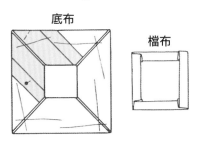

底布

檔布

(請參照第52、53頁基本圖案A的製作方法3~12)

6 完成基本圖案的製作。

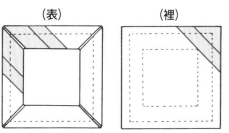

(表)　　　(裡)

(請參照第52、53頁基本圖案A的製作方法13~23)

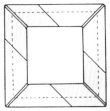

基本圖案 ▌

完成尺寸：9×9cm

1 製作紙型。

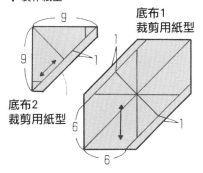

底布2
裁剪用紙型

底布1
裁剪用紙型

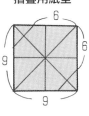

底布
摺疊用紙型

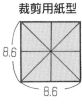

網底鋪棉
裁剪用紙型

檔布
裁剪用紙型

2 依照紙型裁剪各布片。

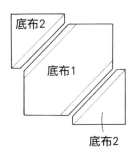

底布2

底布1

底布2

網底鋪棉

檔布

用自動鉛筆在底布的裡側畫好縫目線。

3 連接底布。

底布2
（裡）

底布1
（表）

使底布1與2面對面地對齊，
從布邊縫到布邊。
（2條縫紉線・美國針9號）

4

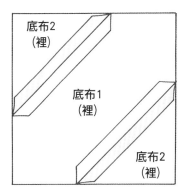

底布2
（裡）

底布1
（裡）

底布2
（裡）

依照與3相同的方法縫合另一片底布2。
把縫份攤開並用熨斗燙平。

5 製作底布與檔布。

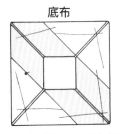

底布

檔布

（請參照第52・53頁基本圖案A的製作方法3~12）

6 完成基本圖案的製作。

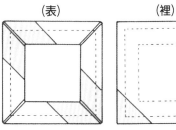

（表）　　　（裡）

（請參照第52・53頁基本圖案A的製作方法13~23）

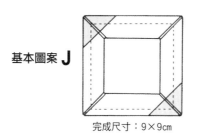

基本圖案 **J**

完成尺寸：9×9cm

1 製作紙型。

底布2裁剪用紙型

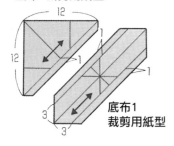

底布1
裁剪用紙型

底布摺疊用紙型

網底舖棉
裁剪用紙型

檔布
裁剪用紙型

檔布
摺疊用紙型

2 依照紙型裁剪各布片。

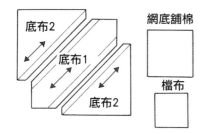

底布2

底布1

底布2

網底舖棉

檔布

用自動鉛筆在底布的裡側畫好縫目線。

3 連接底布。

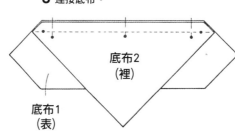

底布2
(裡)

底布1
(表)

使底布1與2面對面地對齊，
從布邊縫到布邊。
(2條縫紉線・美國針9號)

4

底布1
(裡)

底布2
(裡)

底布2
(裡)

把縫份攤開並用熨斗燙平。

5 製作底布和檔布。

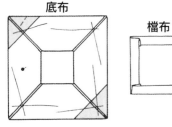

底布

檔布

(請參照第52・53頁基本圖案A的製作方法3~12)

6 完成基本圖案的製作。

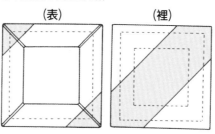

(表)　　(裡)

(請參照第52・53頁基本圖案A的製作方法13~23)

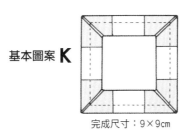

基本圖案 **K**

完成尺寸：9×9cm

---

1 製作紙型。

底布2裁剪用紙型

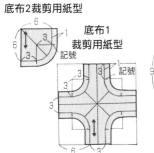

底布1
裁剪用紙型

記號

記號

底布
摺疊用紙型1

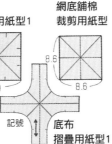

記號

底布
摺疊用紙型1

網底舖棉
裁剪用紙型

檔布
裁剪用紙型

6.5

6.5

檔布
摺疊用紙型

5

5

底布
摺疊用紙型2

6　3

3

6

---

2 依照紙型裁剪各布片。

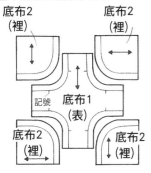

底布2（裡）　底布2（裡）

記號

底布1（表）

底布2（裡）　底布2（裡）

網底舖棉

檔布

3 製作底布。

底布2（表）

記號

●表側朝向自己，用平針縫從記號縫到記號。

使底布2的表側朝向自己，在弧形部分的縫份上從記號到記號用細密的針目縫平針縫。（縫紉線·美國針9號）

4

底布
摺疊用紙型2

把紙型靠在3的裡側，拉緊平針縫的線使縫份往內側摺，用熨斗燙平。

在底布1的表側(只有基本圖案K的底布1要在表側做對齊的記號)放置底布摺疊用紙型1並做好對齊的記號。

5

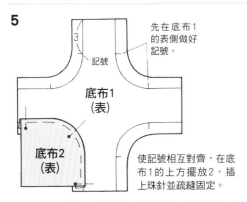

3

記號

底布1（表）

底布2（表）

先在底布1的表側做好記號。

使記號相互對齊，在底布1的上方擺放2，插上珠針並疏縫固定。

6

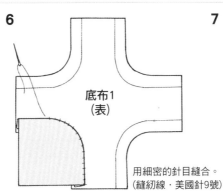

底布1（表）

用細密的針目縫合。
（縫紉線·美國針9號）

7

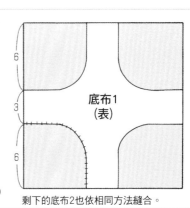

6

3

底布1（表）

6

剩下的底布2也依相同方法縫合。

---

8 製作底布和檔布。

底布

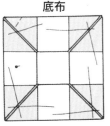

檔布

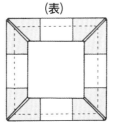

（請參照第52·53頁基本圖案A的製作方法3~12）

9 完成基本圖案的製作。

（表）

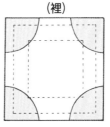

（裡）

（請參照第52·53頁基本圖案A的製作方法13~23）

基本圖案 **L**

完成尺寸：36×36cm

---

1 製作紙型。

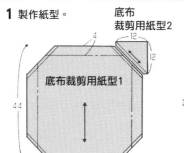

底布
裁剪用紙型2

底布裁剪用紙型1

4

12

12

4

44

44

底布
摺疊用紙型

網底舖棉
裁剪用紙型

36

36

4

4

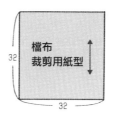

檔布
裁剪用紙型

32

32

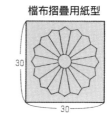

檔布摺疊用紙型

30

30

貼布繡
裁剪用紙型

12.7

7

貼布繡
摺疊用紙型

11

5.6

---

2 依照紙型裁剪各布片。

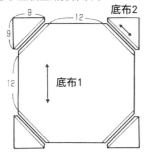

9

12

底布2

9

12

底布1

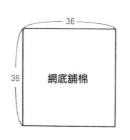

36

36

網底舖棉

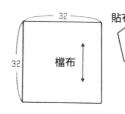

32

32

檔布

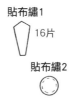

貼布繡1

16片

貼布繡2

用自動鉛筆在底布的裡側畫好縫目線。

3

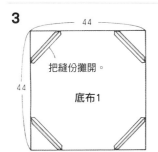

44

44

把縫份攤開。

底布1

將底布1與2面對面地對齊地
縫合，把縫份攤開。

4

疏縫

網底舖棉

完成線

沿著摺疊用紙型把底布摺起
來，中間放入網底舖棉，沿
著周圍疏縫。
（請參照第52頁基本圖案A的
3~10）

5

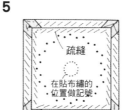

疏縫

在貼布繡的
位置做記號

把檔布沿著完成線摺起來，
擺在4的上面疏縫固定，以
立針縫縫合後畫出貼布繡位
置的記號。

6 製作貼布繡用的零件。

3

2

紙型

4

1

把紙型放在貼布繡1的布片
裡側，邊把縫份往裡側
摺，邊依照圖中1~4的順序
用熨斗燙平。

（表）

取出紙型，把貼布繡左側的
縫份攤開。依照相同要領共
製作16片。

7

貼布繡2

（裡）

在中央圓形貼布繡2的縫份上
以細密的針目縫平針縫，把摺
疊用紙型放在裡側，拉線使布
內縮，用熨斗燙平。鬆開拉緊
的線，取出紙型，再把弄鬆的
線拉回去並調整圓形，再用熨
斗燙一次。

8

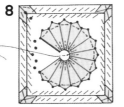

對齊5做的記號依序擺上6的
貼布繡1，插上珠針固定，
使攤開的縫份壓在相鄰布片
的下方。

9

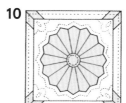

先依照1~16的順序仔細地疏
縫，然後把7的貼布繡2擺在
中心，依照17~21的順序疏
縫。

10

依照1~17的順序以立針縫縫
合各貼布繡的布片，然後畫
上壓線記號並縫上壓線，這
樣就完成了。

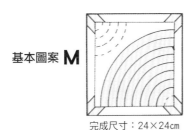

基本圖案 **M**

完成尺寸：24×24cm

1 製作紙型。

底布2
裁剪用紙型

3
9

底布1裁剪用紙型

30

30

底布
摺疊用紙型
網底鋪棉
裁剪用紙型

24

24

3

3

檔布
裁剪用紙型

23.4

23.4

檔布用
完成尺寸紙型

20

20

裁剪用紙型

22

3

檔布9

22

1

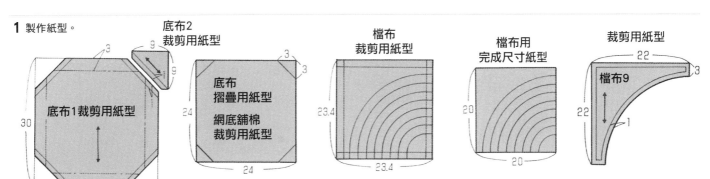

2 依照紙型裁剪各布片。

底布2

9

12

9

12

底布1

12

網底鋪棉

24

檔布用底布

完成線

23.4

20

用自動鉛筆在底布的裡側畫好縫目線。

檔布2　　3.5　　0.5

檔布3

檔布4

檔布5

檔布6

檔布7

檔布8

1

22

22

檔布9

3

1

檔布1

7

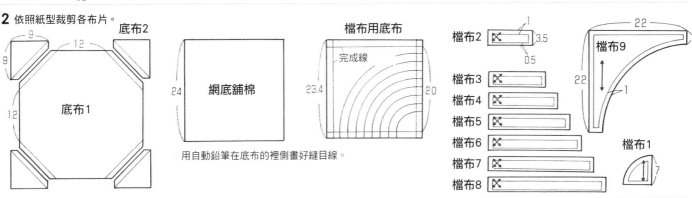

3

(裡)

把縫份攤開。

底布1
(裡)

將底布1與2面對面對齊地縫
合，把縫份攤開。

4 在9的部分疏縫。

1cm縫份

完成線
(先摺出摺痕)

沿著底布摺疊用紙型把底布
摺起來。
(請參照第52頁基本圖案A的3~8)

5

網底鋪棉

檔布1

2

把1cm的縫份往內側摺，中
間要放入網底鋪棉。

6

製作檔布1。用小針目細密
地縫。把紙型靠在裡側，拉
平針縫的線使縫份往裡側
摺，用熨斗燙平。

取出紙型並整理形狀，再用
熨斗燙一次。

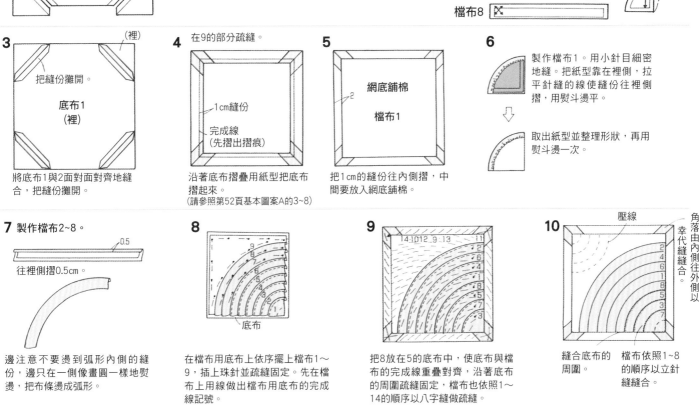

7 製作檔布2~8。

0.5

往裡側摺0.5cm。

邊注意不要燙到弧形內側的縫
份，邊只在一側像畫圓一樣地熨
燙，把布條燙成弧形。

8

9

底布

在檔布用底布上依序擺上檔布1~
9，插上珠針並疏縫固定。先在檔
布上用線做出檔布用底布的完成
線記號。

9

14 12 9 13　　11

把8放在5的底布中，使底布與檔
布的完成線重疊對齊，沿著底布
的周圍疏縫固定，檔布也依照1~
14的順序以八字縫做疏縫。

10

壓線

角落由內側往外側以

縫合底布的
周圍。

檔布依照1~8
的順序以立針
縫縫合。

附屬零件的製作方法

第68頁起的「作品的製作方法頁面‧包包的製作方法」中，『附屬零件』的製作方法全部都請參照第66‧67頁。

提把A的製作方法

1
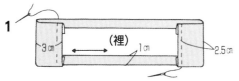
把提把用布的縫份像圖中這樣摺起來，在兩端縫平針縫。（縫釦線‧美國針6號）

2
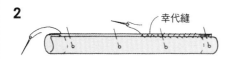
把1對摺，用幸代縫縫合。（縫釦線‧美國針6號）

3
用網底舖棉製作內襯。
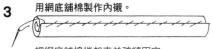
把網底舖棉捲起來並疏縫固定。

4
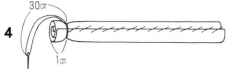
用2條縫釦線纏繞距離末端1cm處，把針穿過去，緊緊地固定以免網底舖棉鬆開。

5
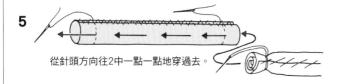
從針頭方向往2中一點一點地穿過去。

6
完成。
把1平針縫的線拉緊，把針穿到提把的裡側固定以免網底舖棉跑出來。

把多出來的布擠到中央。　內襯要塞到1.5cm的裡面。

提把B的製作方法

1
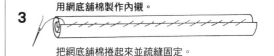
把提把用布正面相對地對摺，從布邊縫到布邊。
（2條縫紉線‧美國針9號）

2
翻回表面成為筒狀。

3
用網底舖棉製作內襯。
把網底舖棉捲起來並疏縫固定。

4
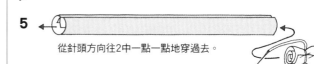
用2條縫紉線纏繞距離末端1cm處，把針穿過去，緊緊地固定以免網底舖棉鬆開。

5

從針頭方向往2中一點一點地穿過去。

6

縫紉末端的周圍，把縫線拉緊，同時也把縫份往內塞。打結，把線結也拉進去。另一端也依相同方法縫紉。共製作2條一樣的。

7
用線纏起來固定。
把2條繩子撚合。

提把的縫合方法

提把縫合用遮蓋布

1 把布摺成三層，做成提把縫合用遮蓋布。

2 把提把的末端放在提把縫合用遮蓋布上。

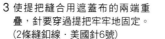

3 使提把縫合用遮蓋布的兩端重疊，針要穿過提把牢牢地固定。（2條縫釦線‧美國針6號）
拉針把線結隱藏到提把縫合用遮蓋布的內側。
提把的另一端也一樣要縫上提把縫合用遮蓋布。

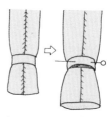

4 將提把縫合用遮蓋布拉起0.7cm並插上珠針。

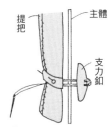

5 針一定要穿過裡側的支力釦將提把縫在主體上。

釦環A的製作方法

1

把布摺成四層並縫合。
(縫釦線・美國針6號)

穿過1條中細毛線或
極粗毛線。

2

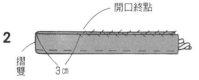

開口終點

摺雙

3cm

把1對摺,用幸代縫縫合。
在開口終點縫2次捲針縫,把線結拉到裡面隱藏。

3

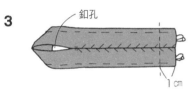

釦孔

1cm

把距離末端1cm處夾在包包主體的檔布之間。

釦環B的製作方法

1

把布摺成四層並縫合。(縫釦線・美國針6號)

0.5cm

穿過1條中細毛線或極粗毛線。

2

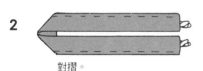

對摺。

3

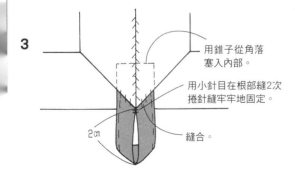

用錐子從角落
塞入內部。

用小針目在根部縫2次
捲針縫牢牢地固定。

2cm

縫合。

用錐子把布環從包包主體基本圖案中
角的縫合處塞進去。

底板的製作方法

1

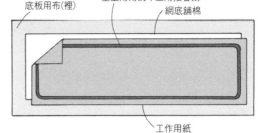

底板用布(裡)

塗上薄薄的木工用接著劑。

網底鋪棉

工作用紙

把底板用的布翻到裡側,上方再依序重疊網底鋪棉和工作
用紙,在工作用紙的外圍塗上薄薄的木工用接著劑。

2

把縫份往裡側摺起來貼合。(共製作2片)

3

幸代縫

(表)

(縫釦線・美國針6號)

使2片背對背地對齊,周圍用幸代縫縫合。

包釦的製作方法

0.3cm

包釦用布
(表)

1 縫紉表布的周圍。
(縫釦線・美國針6號)

2 置入鈕釦,把縫線
拉緊。

3 將裡布的縫份往內
摺入並縫合。

支力釦的製作方法

支力釦用布
(表)

平針縫

1 縫紉布的周圍。
(縫釦線・美國針6號)

2 置入鈕釦,把縫線
拉緊。

作品的製作方法

●「作品的製作方法」這個單元在解說時會引用到第50·51頁的『製作前請先閱讀。』、第52~65頁的『基本圖案的製作方法』及第66·67頁的『附屬零件的製作方法』，到時請參照各頁面的說明。

●基本圖案A~M的製作方法請參照第52~65頁的『基本圖案的製作方法』。

●基本圖案N、O、P、Q的製作方法將在有使用到該基本圖案的製作方法頁面中解說。

●要使用的材料會載明於各作品的製作方法頁面，有關用具的部分請參照第50·51頁的『製作前請先閱讀。』

●作品使用的附屬零件如**提把A·B、釦環A·B、底板、包釦、支力釦**的製作方法及縫合方法請參照第66、67頁的『**附屬零件的製作方法**』。

◆**第66頁**
提把A的製作方法　提把B的製作方法　提把的縫合方法

◆**第67頁**
釦環A的製作方法　釦環B的製作方法　底板的製作方法
包釦的製作方法　支力釦的製作方法

●基本圖案請利用**幸代縫**(請參照第53頁的『**基本圖案的縫合方法**』)來連接。使用的線是縫釦線，針是美國針6號。

---

19 迷你束口袋　第22頁的作品(第23頁的作品20及第24頁的作品27也是依照相同的方法製作)

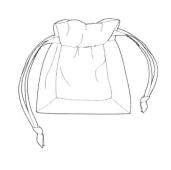

完成尺寸：9×9cm
使用的基本圖案：A2片
材料：
木棉布
　底布 ·······················15×30cm

檔布 ·······················7×15cm
網底舖棉 ·····················10×20cm
縫釦線 ·························綠色
縫紉線 ·························黑色
緞面緞帶(寬4mm) ·············70cm

製作方法
製作2片基本圖案A，背對背地用幸代縫縫合，從袋口的兩側穿緞帶，末端綁起來就完成了。

布的裁剪

底布
(淺灰色底印花布)
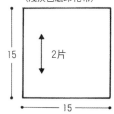
2片
15
15

網底舖棉
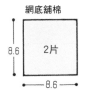
2片
8.6
8.6

檔布
(粉紅色素布)
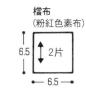
2片
6.5
6.5

基本圖案的縫合方法
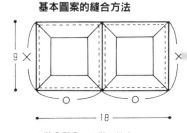
9
18

*將○與○、×與×縫合。

---

22 唇膏收納袋　第23頁的作品

完成尺寸：9×4.5cm
使用的基本圖案：A1片
材料：
木棉布
　底布：淺葡萄酒色花朵圖案 ···15×15cm
　檔布：苔綠色底花朵圖案 ········7×7cm
網底舖棉 ·························10×10cm
縫釦線 ·························苔綠色
縫紉線 ·························苔綠色
製作方法
將1片基本圖案A對摺，用幸代縫縫合。

布的裁剪
底布
(葡萄酒色花朵圖案)
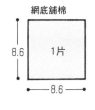
1片
15
15

網底舖棉
1片
8.6
8.6

檔布
(苔綠色底花朵圖案)
1片
6.5
6.5

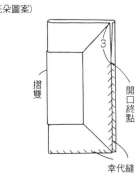
3
摺雙
開口終點
幸代縫

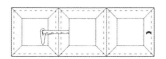

完成尺寸：9×9cm
使用的基本圖案：A3片
附屬零件：布環B1條、口袋布3片
材料：
木棉布
　底布：淺葡萄酒色花朵圖案 …………………15×45cm
　檔布及口袋布：苔綠色底花朵圖案 ………25×45cm
網底舖棉 …………………………………………10×30cm
縫釦線 ……………………………………………苔綠色
縫紉線 ……………………………………………苔綠色
插釦(3cm)…………………………………………1個

製作方法
① 製作3片基本圖案A和1條布環。(布環的製作方法請參照第84頁)
② 在3片基本圖案A當中，把穿過插釦的布環夾在中央基本圖案的檔布間固定，在右側的基本圖案上用線做一個插環。(插環的製作方法請參照第84頁)
③ 參照圖示製作3片口袋，分別疏縫在3片基本圖案的裡側。
④ 把縫上口袋的3片基本圖案用幸代縫縫合。

布的裁剪

口袋的實物大壓線圖案

底布
(葡萄酒色花朵圖案)

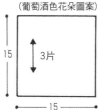
15 / 3片 / 15

網底舖棉

8.6 / 3片 / 8.6

檔布
(苔綠色底花朵圖案)

6.5 / 3片 / 6.5

布環用布
(苔綠色底花朵圖案)

2.5 / 1片 / 12

口袋用布
(苔綠色底花朵圖案)

11 / 3片 / 11

口袋的製作方法

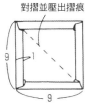

1 依序將周圍的縫份摺起來。

2 把對角線上2處角落的縫份重摺。

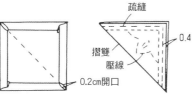

疏縫
摺雙
壓線
0.2cm開口
0.4

3 對摺，縫上壓線。

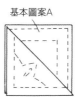

基本圖案A

4 把口袋靠在基本圖案A的裡側，將周圍疏縫固定。

基本圖案的縫合方法

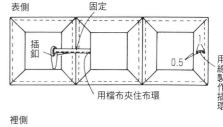

表側　固定
插釦
0.5
用檔布夾住布環
用線製作插環

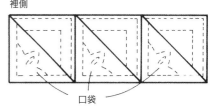

裡側
口袋

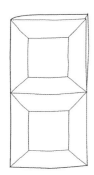

完成尺寸：18×9cm
使用的基本圖案：A4片
材料：
木棉布
　底布：駝色素布 …………………………15×60cm
　檔布：駝色底紅綠格子 …………………15×20cm

網底舖棉……………………………………20×40cm
縫釦線………………………………………黑色
縫紉線………………………………………米白色

製作方法
① 製作4片基本圖案A，如圖般連接。
② 縫合側邊和底，變成袋狀。

布的裁剪

底布
(駝色素布)

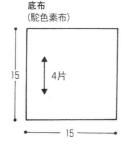
15 / 4片 / 15

網底舖棉
(各置入2片)

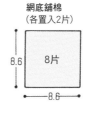
8.6 / 8片 / 8.6

檔布
(紅綠格子)

6.5 / 4片 / 6.5

基本圖案的縫合方法

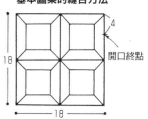
4
18 / 18
開口終點

26 附口袋的手提包 第24頁的作品

完成尺寸：18×18×9cm
使用的基本圖案：A16片
附屬零件：提把B1條、底板1片、支力釦2個
材料：
木棉布
　灰底印花布‧‧‧‧‧‧‧‧‧‧‧‧‧‧‧‧‧‧‧‧‧‧‧‧‧‧‧‧‧‧90×80cm
　米白色底條紋花朵印花‧‧‧‧‧‧‧‧‧‧‧‧‧‧‧‧‧20×45cm
網底鋪棉‧‧‧‧‧‧‧‧‧‧‧‧‧‧‧‧‧‧‧‧‧‧‧‧‧‧‧‧‧‧‧‧‧90×50cm
縫釦線‧‧‧‧‧‧‧‧‧‧‧‧‧‧‧‧‧‧‧‧‧‧‧‧‧‧‧‧‧‧‧‧‧‧‧‧米白色
縫紉線‧‧‧‧‧‧‧‧‧‧‧‧‧‧‧‧‧‧‧‧‧‧‧‧‧‧‧‧‧‧‧‧‧‧‧‧‧‧灰色
支力釦(直徑2cm)‧‧‧‧‧‧‧‧‧‧‧‧‧‧‧‧‧‧‧‧‧‧‧‧‧‧2個
緞帶(寬4mm)‧‧‧‧‧‧‧‧‧‧‧‧‧‧‧‧‧‧‧‧‧‧‧‧‧‧‧220cm

工作用紙‧‧‧‧‧‧‧‧‧‧‧‧‧‧‧‧‧‧‧‧‧‧‧‧‧‧‧‧‧‧‧‧‧20×20cm
製作方法
① 製作16片基本圖案A，其中2片用幸代縫連接起來作成口袋。
② 依圖示拼縫包包主體，把口袋重疊在預定的口袋縫合位置上一併縫合。
③ 參照第66頁製作1條提把B(如圖般將2條緞帶纏起來)和2個支力釦，在裡側加上支力釦將提把縫在主體上。
④ 參照第67頁製作底板並置於包包底部。
⑤ 在袋口側的基本圖案上穿緞帶並打結，提把縫合位置也要綁上漂亮的蝴蝶結。這樣就完成了。

布的裁剪

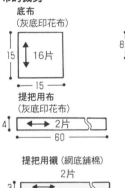

底布
(灰底印花布)
15｜16片
━15━

提把用布
(灰底印花布)
4｜2片
━60━

提把用襯(網底鋪棉)
2片
3｜
━59━

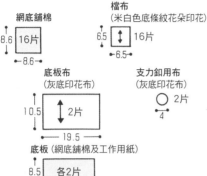

網底鋪棉
8.6｜16片
━8.6━

底板布
(灰底印花布)
10.5｜2片
━19.5━

底板(網底鋪棉及工作用紙)
8.5｜各2片
━17.5━

檔布
(米白色底條紋花朵印花)
6.5｜16片
━6.5━

支力釦用布
(灰底印花布)
○ 2片
4

基本圖案的縫合方法

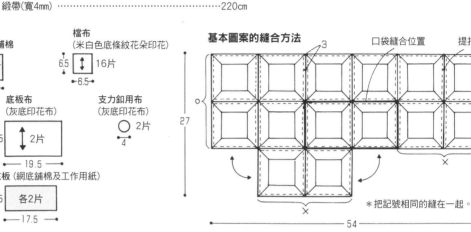

3 / 口袋縫合位置 / 提把縫合位置

27

＊把記號相同的縫在一起。

━54━

底

提把的製作方法

把緞帶纏起來

口袋的縫合方法

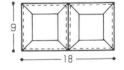

9
━18━

---

31 小物收納包 第24頁的作品

完成尺寸：9×9cm
使用的基本圖案：A2片
附屬零件：釦環A1條、包釦2個
材料：
木棉布
　駝色素布‧‧‧‧‧‧‧‧‧‧‧‧‧‧‧‧‧‧‧‧‧‧‧‧‧‧‧‧‧‧15×35cm
　駝色底紅綠格子布‧‧‧‧‧‧‧‧‧‧‧‧‧‧‧‧‧‧‧10×15cm
網底鋪棉‧‧‧‧‧‧‧‧‧‧‧‧‧‧‧‧‧‧‧‧‧‧‧‧‧‧‧‧‧20×20cm
縫釦線‧‧‧‧‧‧‧‧‧‧‧‧‧‧‧‧‧‧‧‧‧‧‧‧‧‧‧‧‧‧‧‧‧‧‧‧黑色

縫紉線‧‧‧‧‧‧‧‧‧‧‧‧‧‧‧‧‧‧‧‧‧‧‧‧‧‧‧‧‧‧‧‧米白色
極粗毛線‧‧‧‧‧‧‧‧‧‧‧‧‧‧‧‧‧‧‧‧‧‧‧‧‧‧‧‧‧‧‧15cm
包釦(直徑1.4cm)‧‧‧‧‧‧‧‧‧‧‧‧‧‧‧‧‧‧‧‧‧‧‧‧2個
製作方法
① 製作2片基本圖案A，參照第67頁製作1條釦環A及2個包釦。
② 在其中1片基本圖案的檔布間夾入釦環A一併縫合，另一片則在表側和裡側縫上包釦。
③ 兩片連接後，將側邊與底縫合成袋狀。

布的裁剪

底布
(駝色素布)
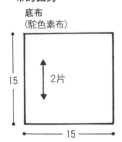
15｜2片
━15━

網底鋪棉
(各置入2片)

9｜4片
━9━

檔布
(駝色底紅綠格子布)
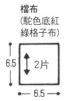
6.5｜2片
━6.5━

包釦用布
(駝色底紅綠格子布)
　表布　　裡布

　○3　　○3
　　各2片

釦環A 用布
(駝色素布)
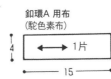
4｜1片
━15━

基本圖案的縫合方法

留3cm開口以便夾入釦環

檔布

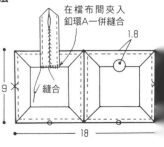

在檔布間夾入釦環A一併縫合
1.8

9 / 縫合

━18━

29 側背包 第24頁的作品

完成尺寸：18×18cm
使用的基本圖案：A10片
附屬零件：背帶吊環2條、木珠固定環1條
材料：
木棉布
　　駝色素布 ‧‧‧‧‧‧‧‧‧‧‧‧‧‧‧‧‧‧‧‧‧‧‧‧‧‧‧‧‧‧‧‧‧‧‧‧90×30cm
　　駝色底紅綠格子布 ‧‧‧‧‧‧‧‧‧‧‧‧‧‧‧‧‧‧15×40cm
網底鋪棉 ‧‧‧‧‧‧‧‧‧‧‧‧‧‧‧‧‧‧‧‧‧‧‧‧‧‧‧‧‧‧‧‧‧‧20×50cm
縫釦線 ‧‧黑色
縫紉線 ‧‧‧‧‧‧‧‧‧‧‧‧‧‧‧‧‧‧‧‧‧‧‧‧‧‧‧‧‧‧‧‧‧‧‧‧‧‧米白色

木珠(直徑2cm) ‧‧‧‧‧‧‧‧‧‧‧‧‧‧‧‧‧‧‧‧‧‧‧‧‧‧‧‧‧‧1個
蛋形環 ‧‧2個
背帶(90cm) ‧‧‧‧‧‧‧‧‧‧‧‧‧‧‧‧‧‧‧‧‧‧‧‧‧‧‧‧‧‧‧‧1條
中細毛線 ‧‧‧‧‧‧‧‧‧‧‧‧‧‧‧‧‧‧‧‧‧‧‧‧‧‧‧‧‧‧‧‧‧‧36cm
製作方法
① 製作10片基本圖案A，如圖般連接，把記號相同的縫合在一起，變成袋狀。
② 參照圖示製作2條吊掛背帶用的布環和1條固定木珠用的布環，縫在圖中所示的位置。
③ 扣上背帶，固定好木珠，完成。

布的裁剪 底布
（駝色素布）

15 — 10片 — 15

網底鋪棉
（各置入2片）

8.6 — 20片 — 8.6

擋布
（駝色底紅綠格子布）

6.5 — 10片 — 6.5

背帶吊環用布
（駝色素布）

2 — 2片 — 7

木珠固定環用布
（駝色素布）

3.5 — 2片 — 11

布環的製作方法

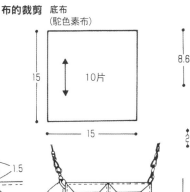

穿過毛線
摺成四層縫起來

1.5
縫合
背帶吊環
從中間穿過去並縫合
使布環穿過木珠

基本圖案的縫合方法

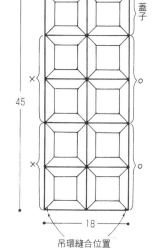

蓋子

45 — 18

吊環縫合位置
＊把記號相同的縫在一起。

---

33 用緞帶裝飾的附口袋手提包 第25頁的作品

完成尺寸：18×27×9cm
使用的基本圖案：A24片
附屬零件：底板1片
材料：
木棉布
　　褐色底橘色小花印花布 ‧‧‧‧‧‧‧‧‧‧‧‧‧‧90×80cm
　　黑色底金色圓點花紋 ‧‧‧‧‧‧‧‧‧‧‧‧‧‧‧‧90×20cm
網底鋪棉 ‧‧‧‧‧‧‧‧‧‧‧‧‧‧‧‧‧‧‧‧‧‧‧‧‧‧‧‧100×50cm
縫釦線 ‧‧‧‧‧‧‧‧‧‧‧‧‧‧‧‧‧‧‧‧‧‧‧‧‧‧‧‧‧‧‧‧‧‧‧‧灰色
縫紉線 ‧‧‧‧‧‧‧‧‧‧‧‧‧‧‧‧‧‧‧‧‧‧‧‧‧‧‧‧‧‧‧‧‧‧‧‧褐色
緞面緞帶(寬2.5cm) ‧‧‧‧‧‧‧‧‧‧‧‧‧‧‧‧‧‧‧‧190cm

提把 ‧‧1組
工作用紙(底板用) ‧‧‧‧‧‧‧‧‧‧‧‧‧‧‧‧‧‧‧‧20×30cm
製作方法
① 製作24片基本圖案A，其中5片要當成口袋，先把當中的4片2片2片地縫合。
② 依圖示拼縫主體，把甲乙丙3個口袋重疊在預定的口袋縫合位置上一併縫合。
③ 將側邊記號相同者及底部縫合，變成袋狀。
④ 在袋口側及第1列基本圖案中穿緞帶，夾上提把。
⑤ 參照第67頁製作底板並置入底部，完成。

布的裁剪

底布
（褐色底小花印花布）

15 — 30片 — 15

網底鋪棉

8.6 — 30片

擋布（黑底圓點）

6.5 — 30片 — 6.5

底板
（網底鋪棉及工作用紙）

8.5 — 各2片 — 26.5

底板用布
（褐色底小花印花布）

10.5 — 2片 — 28.5

基本圖案的縫合方法

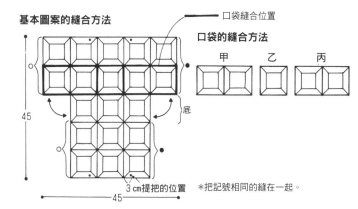

口袋縫合位置

口袋的縫合方法

甲　乙　丙

45
底
45
3cm提把的位置
＊把記號相同的縫在一起。

完成尺寸：高27×底寬19cm
使用的基本圖案：A24片
附屬零件：底1片、背帶2條、背帶吊環1個、底部的背帶吊環2個、吊繩1條、束口繩1條、釦環3條、包釦3個

材料：
木棉布
　　駝色底黑色格子布 …………………………90×115cm
　　葡萄酒色底印花布 …………………………30×50cm
　　黑色素布 ……………………………………10×20cm
網底舖棉 …………………………………………100×50cm
縫釦線 ………………………………………………黑色
縫紉線 ………………………………………………黑色
包釦(直徑1.4cm) …………………………………3個
支力釦(直徑1cm) …………………………………3個
D形環(3cm) ………………………………………1個
D形環(2cm) ………………………………………2個
日形環(2cm) ………………………………………2個
束口繩用繩檔 ………………………………………1個

製作方法
① 製作24片基本圖案A。
② 分別參照圖示製作3條釦環、1條束口繩、1條吊繩、1條背帶吊環、2條底部的背帶吊環、1片底及2條背帶等附屬零件。
③ 24片基本圖案A中的6片要縫上附屬零件。甲要縫上「吊繩」和「背帶吊環」，乙的3片要縫上「釦環」，丙丁則要縫上「底部的背帶吊環」，請參照圖示分別縫好。
④ 在袋口側的圖示位置開出束口繩的穿口，用釦眼繡縫好。
⑤ 把4片基本圖案縫合成側後的口袋A，再用1片基本圖案當做側邊的口袋B，分別依圖示位置重疊於主體上一併縫合。
⑥ 參照圖示製作底。在距離主體底側周圍布邊約1mm處用小針目縫平針縫，然後配合底周圍的尺寸用幸代縫縫合。
⑦ 製作束口繩，穿過束口繩的穿口，再穿過繩檔。
⑧ 製作2條背帶，縫在背帶吊環上，完成。

布的裁剪

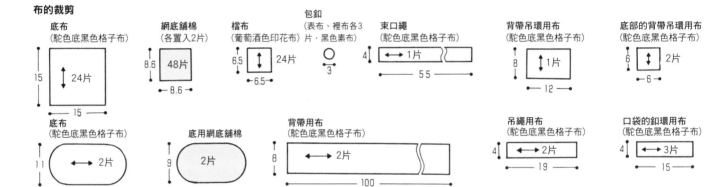

底布（駝色底黑色格子布）（各置入2片）
網底舖棉
24片　15　15　48片　8.6　8.6
檔布（葡萄酒色印花布）
6.5　24片　6.5
包釦（表布、裡布各3片・黑色素布）
3
束口繩（駝色底黑色格子布）
4　1片　55
背帶吊環用布（駝色底黑色格子布）
8　1片　12
底部的背帶吊環用布（駝色底黑色格子布）
6　2片　6

底布（駝色底黑色格子布）
11　2片　21
底用網底舖棉
9　2片　19
背帶用布（駝色底黑色格子布）
8　2片　100
吊繩用布（駝色底黑色格子布）
4　2片　19
口袋的釦環用布（駝色底黑色格子布）
4　3片　15

基本圖案的縫合方法

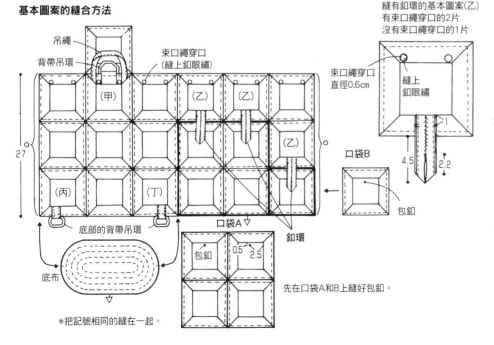

吊繩
背帶吊環
束口繩穿口（縫上釦眼繡）
（甲）　（乙）　（乙）　（乙）
27
（丙）　（丁）
底部的背帶吊環
底布
口袋A▽
釦環
包釦　0.5　2.5
先在口袋A和B上縫好包釦。
*把記號相同的縫在一起。

縫有釦環的基本圖案(乙)
有束口繩穿口的2片
沒有束口繩穿口的1片
束口繩穿口直徑0.6cm
縫上釦眼繡
4.5　2.2

口袋B
包釦

口袋釦環的製作方法

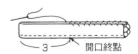

1 摺成四層，夾入2條粗毛線，縫合。

3　開口終點

2 對摺，用幸代縫縫合。（縫釦線，美國針6號）在開口終點縫2次捲針縫，打結並隱藏至內部。

束口繩的製作方法

1 對摺。

2 再對摺並縫合，穿過1條粗毛線。

背帶吊環的製作方法

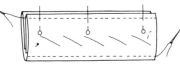

1 摺成四層並縫合。
（縫釦線・美國針6號）

2 將①對摺並夾入D形環，疏縫固定。

3 夾在基本圖案(甲)的檔布間，針穿到裡側縫合。
（縫釦線・美國針9號）

吊繩的製作方法

摺成四層並縫合，穿過4條粗毛線。

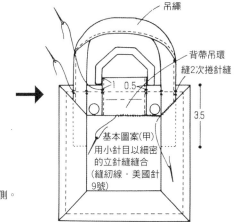

底部的背帶吊環的製作方法

1 摺成四層並縫合。（縫釦線・美國針6號）

2 將①對摺並夾入D形環，疏縫固定。

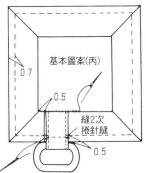

3 基本圖案(丁)則是夾在右側。

底的製作方法

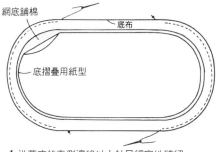

1 沿著底的表側邊緣以小針目細密地縫紉。（縫紉線・美國針9號）在底布的裡側依序重疊與網底舖棉相同尺寸的底摺疊用紙型。

3 使2片背對背地重疊，沿著周圍疏縫。畫上壓線記號，依照1～4的順序縫上八字形的疏縫。

2 把①平針縫的線拉緊，用熨斗整燙，鬆開線，取出摺疊用紙型，復原鬆開的線，再次用熨斗整燙形狀。

4 沿著外圍用小針目壓線。（縫紉線・美國針9號）然後再依照1～4的順序壓線。（縫釦線・美國針6號）

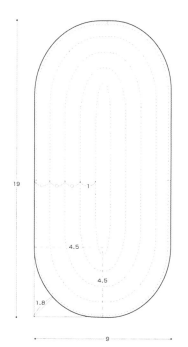

●實物大紙型在第107頁

背帶的製作方法

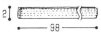

摺成四層，以幸代縫縫合。
（縫釦線・美國針6號）

73

34 用緞帶裝飾的附口袋束口包 第25頁的作品

完成尺寸：18×9×9cm
使用的基本圖案：A12片
附屬零件：提把2條、提把穿口布環4條
材料：

木棉布
　褐色底橘色小花印花布 …………………………90×30cm
　黑底金色圓點花紋 ………………………………30×30cm
網底舖棉 …………………………………………30×50cm
縫鈕線 …………………………………………………灰色
縫紉線 …………………………………………………褐色
緞面緞帶(寬2.5cm) ……………………………120cm

毛線(粗) ………………………………………………130cm
製作方法

① 製作12片基本圖案A及4條提把穿口布環(請參照第67頁的鈕環A)。
② 在4片基本圖案上縫合提把穿口布環。
③ 依圖示製作包包主體，同時將3片口袋用基本圖案重疊在預定的口袋縫合位置上一併縫合。
④ 將圖中的箭號與箭號、○號與○號相互縫合，變成袋狀。
⑤ 參照第73頁中束口繩的製作方法製作2條提把，穿過提把穿口布環並穿上緞帶，完成。

布的裁剪

底布
(褐色底小花印花)

12片
15 / 15

網底舖棉
(各置入2片)
24片
8.6 / 8.6

檔布
(黑底圓點)

6.5 12片
←6.5→

提把穿口布環用布
(褐色底小花印花)
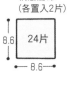
3.2 4片
←9→

口袋
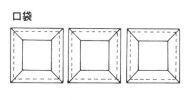

基本圖案的縫合方法

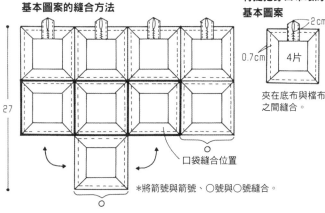

27

口袋縫合位置

*將箭號與箭號、○號與○號縫合。

有提把穿口布環的基本圖案

2cm
0.7cm 4片

夾在底布與檔布之間縫合

提把用布
(褐色底小花印花)
3.2 ←2片→
←45→

---

35 托特包 第26頁的作品

完成尺寸：袋口寬36×高18cm
使用的基本圖案：A30片
附屬零件：提把2條、提把縫合用遮蓋布4片、支力鈕4個、底板1片
材料：

木棉布
　駝色底紅色小花印花 ……………………………90×120cm
　白底紅色格子 ……………………………………90×20cm
網底舖棉 ………………………………………100×100cm
縫鈕線 …………………………………………………褐色
縫紉線 …………………………………………………白色
支力鈕(直徑2cm) …………………………………4個
工作用紙(底板用) ………………………………20×40cm

製作方法

① 製作30片基本圖案A。
② 分別參照第66、67頁製作2條提把A、1片底板及4個支力鈕。
③ 連接2片口袋用的基本圖案，依圖示拼縫主體，同時將口袋重疊在預定的位置上一併縫合。
④ 在提把縫合位置上縫合提把。(請參照第66頁)
⑤ 將側邊與底的箭號與箭號、○號與○號相互縫合，變成袋狀。
⑥ 在底部置入底板，把袋口側的1列基本圖案往內側摺入。

基本圖案的縫合方法

口袋的縫合方法

←18→

口袋縫合位置　提把縫合位置

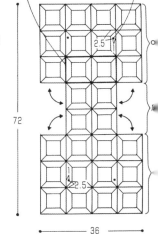
2.5
72
22.5
←36→

*把記號相同的縫在一起。

布的裁剪

底布
(駝色底小花印花)

30片
15 / 15

網底舖棉
(各置入2片)
60片
8.6 / 8.6

檔布
(白底紅色格子)
6.5 30片
←6.5→

支力鈕用布
(駝色底小花印花)
○ 4片
4

提把縫合用遮蓋布
(駝色底小花印花)
3 ←4片→
←7→

提把用布
(駝色底小花印花)

8 ←2片→
←64→

提把用內襯(網底舖棉)
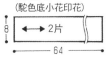
10 2片 摺雙
←44→

底用布
(駝色底小花印花)

19.5 2片
←19.5→

底板
(網底舖棉及工作用紙)
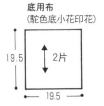
17.5 各2片
←17.5→

36 附拉鍊的托特包 第26頁的作品

完成尺寸：袋口寬45×高18cm
使用的基本圖案：A29片
附屬零件：口布2片、提把2條、提把縫合用遮蓋布4片、支力釦4個、包釦1個、釦環1條、底板1片

材料：
木棉布
　白底淺褐色小花印花 ……………………………90×120cm
　黑底褐色花朵印花 …………………………………90×20cm
網底舖棉 ……………………………………………100×100cm
縫釦線 …………………………………………………黑色
縫紉線 …………………………………………………白色
拉鍊(40cm) ……………………………………………1條
包釦(直徑1.4cm) ………………………………………1個
支力釦(直徑2cm) ………………………………………4個
工作用紙(底板用) ……………………………………20×55cm

製作方法
製作29片基本圖案A。
參照第67頁製作釦環A，夾在其中一片基本圖案的檔布間縫合。
取3片基本圖案連接成口袋。
使縫有釦環的基本圖案位於中央，依圖示拼縫主體，同時將口袋重疊在預定的位置上一併縫合。
把側邊和底記號相同的縫在一起，變成袋狀。主體袋口部分的兩側配合拉鍊口布的長度先縮縫。(縫紉線·美國針9號)
參照圖示製作口布，用幸代縫縫在主體的袋口側。
參照第66·67頁製作2條提把A、4片提把縫合用遮蓋布、4個支力釦和1個包釦。
參照第66頁把提把縫在主體上。
在口袋上縫包釦。
⑩ 參照第67頁製作1片底板並置入包包底部，完成。

布的裁剪

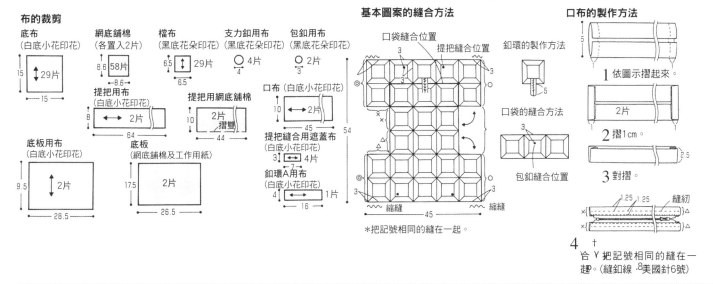

基本圖案的縫合方法

*把記號相同的縫在一起。

---

37 稍大型的手提包 第26頁的作品

完成尺寸：袋口寬45×高23cm
使用的基本圖案：A30片
附屬零件：提把2條、提把縫合用遮蓋布4片、支力釦4個、包釦2個

材料：
木棉布
　駝色 …………………………………………………90×120cm
　駝色底紅綠格子 ……………………………………90×20cm
網底舖棉 ……………………………………………100×100cm
縫釦線 …………………………………………………黑色
縫紉線 …………………………………………………米白色
支力釦(直徑2cm) ………………………………………4個
包釦(直徑1.4cm) ………………………………………2個
緞帶(寬2.5cm) ………………………………………130cm

製作方法
製作30片基本圖案A並依圖示拼縫。
參照第66·67頁製作2條提把A、4片提把縫合用遮蓋布、4個支力釦和2個包釦。

參照第66頁將提把縫在圖示的位置。
在底部縫上2個包釦。
將側邊縫合，變成袋狀。參照第67頁製作2條釦環B，用錐子塞進底部基本圖案的角落並縫合。
在袋口側穿緞帶，在正面打結，完成。

布的裁剪

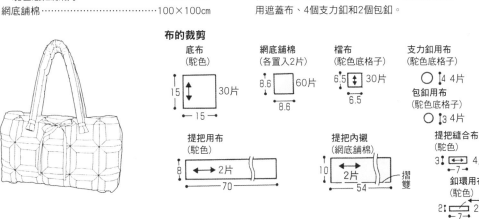

基本圖案的縫合方法

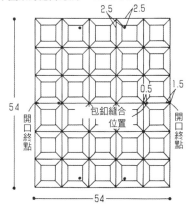

完成尺寸：袋口寬36×高18cm
使用的基本圖案：Λ32片
附屬零件：提把縫合布4片、提把縫合遮蓋布4片、支力鈕4片

材料：
木棉布
　墨綠色 ······················90×110cm
　褐色底橘色小花印花 ·················90×20cm
網底鋪棉 ·······················100×100cm
縫鈕線 ··························黑色
縫紉線 ··························綠色

支力鈕(直徑2cm) ····················4個
提把 ··························1組
工作用紙 ·······················20×40cm

製作方法
① 製作32片基本圖案A，先把其中的4片連接成口袋。
② 依圖示拼縫成主體，重疊口袋一併縫合。
③ 參照圖示製作提把，縫在主體上。(請參照第66頁提把的縫合方法)
④ 將側邊與底縫合，變成袋狀。
⑤ 製作底板並置入底部，把袋口的第一列基本圖案往內側摺入，完成。

布的裁剪

底布
(墨綠色)
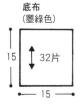
15 ‖ 32片
├─ 15 ─┤

網底鋪棉
(各置入2片)
8.6 | 64片
├─ 8.6 ─┤

檔布
(褐色底小花印花)
6.5 | 32片
├─ 6.5 ─┤

支力鈕用布
(墨綠色)
 4片
4

提把縫合用布
(墨綠色)
8 | 4片
├─ 15 ─┤

提把縫合用遮蓋布
(墨綠色)
3 | 4片
├─ 7 ─┤

提把用網底鋪棉
2 | 4片
├─ 8 ─┤

底板用布
(墨綠色)
19.5 | 2片
├─ 19.5 ─┤

底板
(網底鋪棉及工作用紙)
17.5 | 各2片
├─ 17.5 ─┤

口袋的縫合方法

18
├─ 18 ─┤

基本圖案的縫合方法
口袋縫合位置　　提把縫合位置
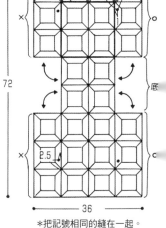
2.5
72
底
2.5
├─── 36 ───┤
＊把記號相同的縫在一起。

提把的製作方法

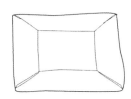
2.5
網底鋪棉

1 依圖示將提把縫合用布摺起來，分別縫紉兩端。(縫紉線・美國針6號)中央擺上網底鋪棉，疏縫固定。

2 將①背對背地對摺，用幸代縫縫合。

3 把②的兩端綁緊成如圖般的形狀。

4 把提把縫合遮蓋布摺成三層。

5 如圖般將③穿過提把末端的環對摺，靠在一起固定。纏上④，在裡側重疊固定好。提把的縫合方法請參照第66頁。

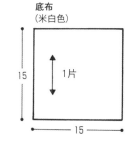

完成尺寸：9×9cm
使用的基本圖案：A1片
材料：
木棉布
　米白色 ······················15×15cm
　印花等 ·······················7×7cm
網底鋪棉 ·······················10×10cm
縫鈕線 ··························黑色
縫紉線 ·························米白色

製作方法
直接把基本圖案A當成杯墊使用。

布的裁剪

底布
(米白色)
15 | 1片
├─ 15 ─┤

網底鋪棉
8.6 | 1片
├─ 8.6 ─┤

檔布
(印花等)
6.5 | 1片
├─ 6.5 ─┤

76

39 附提把的包包2款 第27頁的作品 (2款僅顏色不同，這裡解說的是前方的作品

完成尺寸：袋口寬27×高25cm
使用的基本圖案：A18片
附屬零件：包釦2個、釦環B2條
材料：
木棉布
　淺褐色底白色小花印花 ……………………90×50cm
　褐色底橘色小花印花 ………………………45×30cm
網底鋪棉……………………………………100×40cm
縫釦線 ………………………………………墨綠色
縫紉線 ………………………………………淺褐色
包釦(直徑1.4cm) ……………………………4個

提把 ……………………………………………………1組
中細毛線 …………………………………………………15cm
製作方法
① 製作18片基本圖案A，依圖示拼縫成包包主體，將兩側連接成環狀。
② 參照第67頁製作2條釦環B，用錐子塞進底部基本圖案的角落中縫合。
③ 將已縫成環狀的主體底部縫合。
④ 參照第67頁製作4個包釦，像夾住似地縫在底的表側與裡側。
⑤ 夾上市售的提把，完成。

布的裁剪

底布
(淺褐色底小花印花)

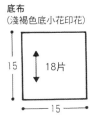
15　18片　15

網底鋪棉
(各置入2片)

8.6　36片　8.6

檔布
(褐色底小花印花)

6.5　18片　6.5

包釦用布
(表布、裡布·褐色底小花印花)

○ 各4片
3

釦環用布
(淺褐色底小花印花)

2　2片　7

基本圖案的縫合方法

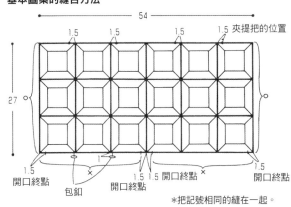

54
1.5　1.5　1.5　1.5　夾提把的位置
27
1.5　1.5　1.5　開口終點　開口終點　開口終點
1　包釦　1.5 1.5　開口終點

＊把記號相同的縫在一起。

40 底部收束的時尚包 第28頁的作品

完成尺寸：袋口寬25×高27cm
使用的基本圖案：A18片
附屬零件：提把B2條、提把縫合用遮蓋布4片、包釦2個、支力釦4個
材料：
木棉布
　褐色底黑色格子 …………………………90×70cm
　粉紅色底花朵印花 ………………………20×45cm
網底鋪棉…………………………………50×80cm
縫釦線 ………………………………………黑色
縫紉線 ………………………………………黑色

包釦(直徑1.4cm) …………………………………2個
支力釦(直徑2cm) …………………………………4個
製作方法
① 製作18片基本圖案A，依圖示拼縫成包包主體。
② 參照第66·67頁製作2條提把B、4個支力釦和2個包釦。
③ 參照第66頁將提把縫在包包主體上。
④ 先縫合側邊再縫合底，變成袋狀。
⑤ 在底的內側及外側像夾住似地縫上包釦，完成。

布的裁剪

底布
(褐色底黑色格子)

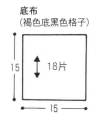
15　18片　15

網底鋪棉
(各置入2片)

8.6　36片　8.6

檔布
(粉紅色底花朵印花)

6.5　18片　6.5

提把縫合用遮蓋布
(褐色底黑色格子)

3　4片　5

包釦用布
(粉紅色底花朵印花)
表布　裡布
○ ○ 各2片
3　3

支力釦用布
(褐色底黑色格子)
○ 4片
4

提把用內襯
(網底鋪棉)
3　4片　59

提把用布
(褐色底黑色格子)
4　4片　60

底的縫合方法

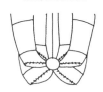

像夾住似地把包釦縫在底部中心的內側及外側。

基本圖案的縫合方法

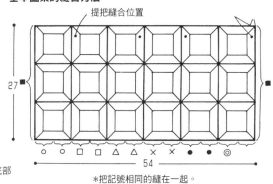

提把縫合位置
27
54
○ ○ □ □ △ △ × × ● ● ◎

＊把記號相同的縫在一起。

41 小物收納包 第28頁的作品

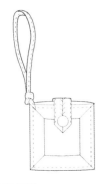

完成尺寸：9×9cm
使用的基本圖案：A2片
附屬零件：提把1條、釦環A1條、包釦2個
材料：
木棉布
　褐色底黑色格子 ···35×25cm
　粉紅色底花朵印花 ·····································10×15cm
網底舖棉 ···20×20cm
縫釦線 ··黑色
縫紉線 ··米白色

包釦(直徑1.4cm) ···2個
極粗毛線 ···35cm
製作方法
① 製作2片基本圖案A。
② 參照提把的製作方法製作1條提把，另外再做1條釦環A和2個包釦。
③ 在其中一片基本圖案的檔布間夾入釦環縫合，另一片則像夾住似地在表側及裡側縫上包釦。
④ 連接2片基本圖案。
⑤ 參照圖示用錐子將提把塞入主體的角落中縫合。

布的裁剪

底布
(褐色底黑色格子)
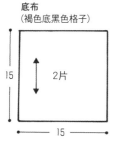
2片
15 / 15

網底舖棉
(各置入2片)
4片
8.6 / 8.6

檔布
(粉紅色底花朵印花)
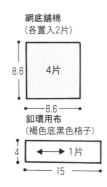
2片
6.5 / 6.5

包釦用布
(表布、裡布‧粉紅色底花朵印花)
表布　裡布
—3—　—3—
各2片

釦環用布
(褐色底黑色格子)
1片
4 / 15

提把用布
(褐色底黑色格子)
1片
2.5 / 34

基本圖案的縫合方法

留3cm不縫以便夾入釦環
用檔布夾住釦環一併縫合
表裡夾住地縫
1.5
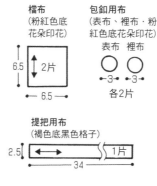
9 / 18

提把的製作方法
穿過毛線
摺成四層並縫合
從中間穿過去縫合
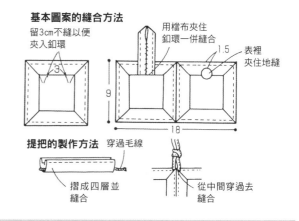

---

42 深底托特包2款 第28頁的作品(2款僅顏色不同，這裡解說的是左側的作品)

完成尺寸：袋口寬12.5×高25cm
使用的基本圖案：A20片
附屬零件：提把A2條、提把縫合用遮蓋布4片、支力釦4個、底板1片
材料：
木棉布
　1～7及12的顏色 ···各30×15cm
　8、9的顏色 ···各15×15cm
　10的顏色 ··60×30cm
　11的顏色(米白色底黑色格子) ·····················30×40cm
網底舖棉 ···100×50cm
縫釦線 ··深褐色

縫紉線 ··黑色
支力釦(直徑2cm) ···4個
工作用紙 ···12×24cm
製作方法
① 製作20片基本圖案A。袋口側的4片基本圖案只放入1片網底舖棉。
② 把袋口側的4片依圖示對摺做成三角形。
③ 依圖示拼縫成袋狀。
④ 參照第66‧67頁製作2條提把A和4個支力釦，縫在主體上。
⑤ 參照第67頁製作底板並置入包包底部，完成。

布的裁剪

底布
(1～7的顏色各2片、8‧9的顏色各1片、10的顏色4片)
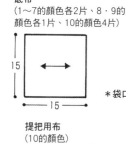
15 / 15

網底舖棉
(各置入2片)
36片
8.6 / 8.6
＊袋口側的4片基本圖案只放入1片

檔布
(11的顏色20片)

20片
6.5 / 6.5

支力釦用布
(11的顏色)

4
4片

提把縫合用遮蓋布
(10的顏色)

3
4片
7

壓線的方法

袋口側的基本圖案的製作方法
對摺，疏縫固定
摺雙

提把用布
(10的顏色)
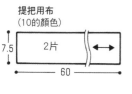
2片
7.5 / 60

提把用內襯
(網底舖棉)
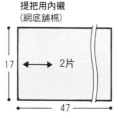
2片
17 / 47

底板用布
(11的顏色)
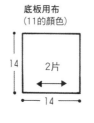
2片
14 / 14

底板
(網底舖棉及工作用紙)

各2片
12 / 12

基本圖案的縫合方法

提把的縫合位置
3
32 / 50
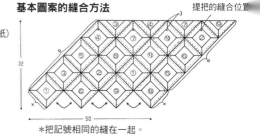
＊把記號相同的縫在一起。

完成尺寸：袋口寬40cm

使用的基本圖案：A20片

附屬零件：口布2片、提把A2條、提把縫合用遮蓋布4片、拉鍊末端布4片、支力釦4片、底板1片

材料：

木棉布
　　駝色底花朵印花 ‥‥‥‥‥‥‥‥‥110×65cm
　　芥末色底黑色印花 ‥‥‥‥‥‥‥‥35×40cm
　　黑色素布 ‥‥‥‥‥‥‥‥‥‥‥25×35cm
網底鋪棉 ‥‥‥‥‥‥‥‥‥‥‥‥100×55cm
縫釦線 ‥‥‥‥‥‥‥‥‥‥‥‥‥‥墨綠色
縫紉線 ‥‥‥‥‥‥‥‥‥‥‥‥‥‥‥駝色

支力釦(直徑2cm) ‥‥‥‥‥‥‥‥‥‥‥‥4個
拉鍊(40cm) ‥‥‥‥‥‥‥‥‥‥‥‥‥‥1條
駝色緞帶(寬2.5cm) ‥‥‥‥‥‥‥‥‥‥‥120cm

製作方法

① 製作20片基本圖案A，依圖示縫合。

② 參照圖示製作口布。

③ 用幸代縫把2連接在主體上。

④ 參照第66、67頁製作2條提把A和4個支力釦，縫在主體上。

⑤ 製作底板(請參照第67頁)並置入底部，從包包兩側穿緞帶並打結，完成。

布的裁剪

底布
(駝色底花朵印花)
15 / 20片 / 15

網底鋪棉
(各置入2片)
8.6 / 40片 / 8.6

檔布
(芥末色底黑色印花)
6.5 / 20片 / 6.5

支力釦用布
(駝色底花朵印花)
4片 / 4

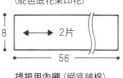
提把用布
(駝色底花朵印花)
8 / 2片 / 56

口布(駝色底花朵印花)
5 / 2片 / 46

拉鍊末端布
(駝色底花朵印花)
4片 / 5.5

底板用布(黑色素布)
9 / 2片 / 34

底板(網底鋪棉及工作用紙)
7 / 各2片 / 32

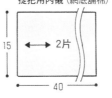
提把用內襯 (網底鋪棉)
15 / 2片 / 40

提把縫合用遮蓋布
(駝色底花朵印花)
3 / 4片 / 7

基本圖案的縫合方法

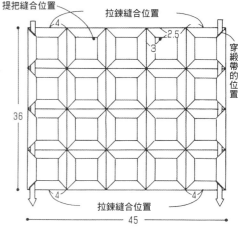
提把縫合位置 / 拉鍊縫合位置
4 / 2.5 / 3
穿緞帶的位置
36 / 4 / 4
拉鍊縫合位置
45

口布的製作方法

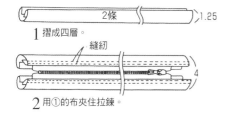

1 摺成四層。（2條 / 1.25）

2 用①的布夾住拉鍊。（縫紉 / 4）

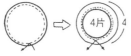
3 把平針縫的線拉緊，做成直徑4cm的圓。（4片 / 4）

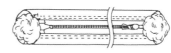
4 把網底鋪棉撕開成棉狀，再揉成球形，從表裡兩側夾住，疏縫固定。

5 用③的布夾入拉鍊的末端，縫起來。

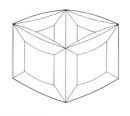

布的裁剪

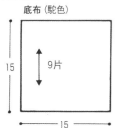
底布 (駝色)
15 / 9片 / 15

網底鋪棉
8.6 / 9片 / 8.6

檔布
(駝色底格子)
6.5 / 9片 / 6.5

基本圖案的縫合方法

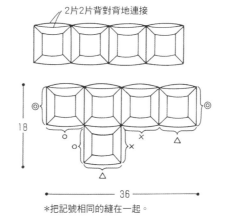
2片2片背對背地連接

18 / 36

＊把記號相同的縫在一起。

完成尺寸：9×9×9cm

使用的基本圖案：A9片

材料：

木棉布
　　駝色 ‥‥‥‥‥‥‥‥‥‥‥‥寬90×30cm
　　駝色底紅綠格子 ‥‥‥‥‥‥‥‥15×40cm
網底鋪棉 ‥‥‥‥‥‥‥‥‥‥‥‥20×50cm
縫釦線 ‥‥‥‥‥‥‥‥‥‥‥‥‥‥‥黑色
縫紉線 ‥‥‥‥‥‥‥‥‥‥‥‥‥‥米白色

製作方法

① 製作9片基本圖案A，側面是將4組2片2片背對背重疊的基本圖案連接成環狀。

② 依圖示再連接1片基本圖案當做底就完成了。

完成尺寸：底寬36×高18cm
使用的基本圖案：A26片
附屬零件：側身布2片、口布2片、提把A2片、提把縫合用遮蓋布4片、支力釦4個、口布固定釦2個、底板1片

材料：
木棉布
　黑色素布 ······················90×130cm
　白底黑色格子 ·················90×85cm
網底鋪棉 ·······················100×110cm
側身用布襯(木棉·米白色) ········85×35cm
縫釦線 ······················黑色·米白色
縫紐線 ···························黑色
雙開拉鍊(50cm) ·····················1條
口布固定釦(直徑2cm) ················2個

支力釦(直徑2cm) ····················6個
工作用紙 ·······················30×35cm

製作方法
① 製作26片基本圖案A，把其中2片連接成口袋，依圖示重疊於主體上，縫合成袋狀。
② 參照圖示製作側身布，用幸代縫縫合於兩端。
③ 參照圖示製作口布，裝上拉鍊，縫在包包的袋口處。
④ 參照第66，67頁製作2條提把A和4個支力釦，縫在主體上。
⑤ 製作口布固定釦，縫在主體側身的口布鈕釦縫合位置上。在口布固定釦的裡側則縫上支力釦夾住。縫的時候針一定要穿到裡側。
⑥ 製作底板並置於包包底部，完成。

布的裁剪

底布（黑色素布）

26片
15 / 15

網底鋪棉（各置入2片）

52片
8.6 / 8.6

檔布（白底黑色格子）

26片
6.5 / 6.5

支力釦用布（白底黑色格子）

6片
4

口布固定釦用布（白底黑色格子）
裡布　表布

各2片
4 / 4

側身布（白底黑色格子）
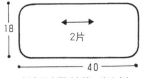
2片
18 / 40

側身用布襯（木棉·米白色）側身用紙型
2片
16 / 38

側身用網底鋪棉

2片
16 / 18

提把用布（黑色素布）
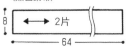
2片
8 / 64

提把用內襯（網底鋪棉）
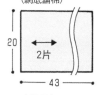
2片
20 / 43

底板用布（黑色素布·白底黑色格子）

各1片
15 / 37

底板（網底鋪棉及工作用紙）

各2片
13 / 35

口布（黑色素布）
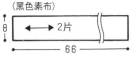
2片
8 / 66

提把縫合用遮蓋布（黑色素布）
3
4片
7

基本圖案的縫合方法
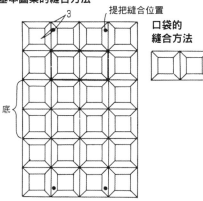
3
提把縫合位置
底

口袋的縫合方法

拉鍊縫合終點　摺雙
壓線
口布固定釦的縫合位置

●實物大紙型在第108頁

口布的製作方法
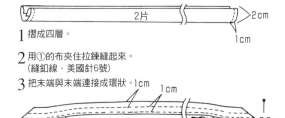
2片
2cm / 1cm

1 摺成四層。
2 用①的布夾住拉鍊縫起來。（縫釦線·美國針6號）
3 把末端與末端連接成環狀。1cm / 1cm
5.5cm
1.8cm 兩端依圖示摺成三角形縫合。
針要穿到裡側確實固定。

側身的製作方法
1 在側身布的弧形處平針縫。
摺痕線
1cm
側身布
布襯
網底鋪棉

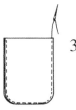
3 把②對摺，沿著周圍疏縫。參照第108頁畫上壓線記號後進行壓線。（縫釦線·美國針6號）

2 依序在側身布的裡側重疊布襯、網底鋪棉及側身用紙型，拉緊平針縫的線並用熨斗熨燙。鬆開拉緊的線，取出紙型，把鬆開的線拉回去，整理形狀並再次熨燙。

45 四面提包　第29頁的作品

完成尺寸：袋口寬25×高1.5cm
使用的基本圖案：A13片
附屬零件：包釦4個、釦環2條、底板1片
材料：
木棉布
　米白色 ··90×50cm
　米白色底紅色格子 ·······························40×40cm
網底舖棉 ···60×50cm
縫釦線 ···灰色
縫紉線 ···米白色

提把 ···1組
包釦(直徑1.4cm) ··4個
工作用紙 ···15×30cm

製作方法
① 製作13片基本圖案A，把袋口側的4片基本圖案對摺並疏縫固定。
② 依照基本圖案的縫合方法圖示縫合成袋狀。
③ 參照第67頁製作2條釦環，依圖示夾在剩下的那1片基本圖案上縫合。
④ 製作4個包釦，縫在主體的圖示位置上。
⑤ 參照第67頁製作底板並置入底部，夾上提把，完成。

布的裁剪

底布
(米白色)

15　13片　15

網底舖棉
(各置入2片)
8.6　26片　8.6

檔布
(米白色底紅色格子)
6.5　13片　6.5

包釦用布
(表布、裡布·米白色底紅色格子)
　各2片　3

底板用布
(米白色底紅色格子)
14　2片　14

底板
(網底舖棉及工作用紙)
12　各2片　12

釦環用布
(米白色)
4　2片　14

基本圖案的縫合方法

摺雙

袋口側的
基本圖案

對摺並疏縫固定

釦環的製作方法

3.5

針要穿到裡側
確實固定

夾入釦環一併縫合

●實物大圖案在第109頁

基本圖案的縫合方法

夾提把的位置

25

包釦的
縫合位置

50

＊把記號相同的縫在一起

---

25 茶室袋　第23頁的作品

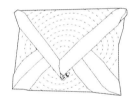

完成尺寸：20×28cm
使用的基本圖案：L1片
附屬零件：插釦用布環1條
材料：
木棉布
苔綠色底花朵印花 ·····························45×50cm
黑底印花 ···35×35cm
網底舖棉 ···40×40cm
縫釦線 ···米白色

縫紉線 ···米白色
插釦(3cm) ··1個

製作方法
① 製作1片基本圖案L並壓線。
② 製作插釦用的小布環(請參照第84頁)，穿過插釦，夾在基本圖案的角落縫合。
③ 依圖示摺疊，用幸代縫縫成袋狀。
④ 縫上插釦並參照第84頁用線做一個插環。

布的裁剪

底布
(苔綠色底花朵印花)

4　1片
44

網底舖棉
36　1片　36

檔布 (黑底印花)
32　1片　32

布環用布
(苔綠色底花朵印花)

3.5　1片
5

基本圖案的製作方法

夾入布環一併縫合
壓線

基本圖案的製作方法

36

插環

36

3

3

插環

●壓線實物大圖案在第110頁

基本圖案的摺疊方法

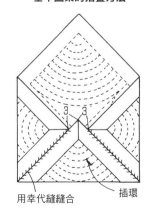

3　3

用幸代縫縫合

插環

46 基本圖案A+G的箱型提包 第30頁的作品

完成尺寸：袋口寬45×高27×底寬9cm
使用的基本圖案：A39片、G14片
附屬零件：提把2條、提把縫合用遮蓋布4片、支力釦4個、底板1片

材料：
木棉布
　灰色 ……………………………………………90×160cm
　褐色底駝色小花印花 ……………………………90×35cm
　基本圖案G用的印花布14種 ……………………各10×15cm
網底舖棉 ………………………………………………100×120cm
縫釦線 ……………………………………………………米白色

縫紉線 ……………………………………………………墨綠色
支力釦(直徑2cm) ……………………………………………4個
工作用紙 ………………………………………………20×45cm

製作方法
① 製作39片基本圖案A和14片基本圖案G，依圖示拼縫成袋狀。
② 參照第66、67頁製作2條提把和4個支力釦，縫在主體上。
③ 製作底板並置入底部，把袋口側的第一列基本圖案往內側摺進去，完成。

布的裁剪

基本圖案A
底布（灰色）
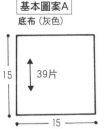
15 ← → 15　39片

基本圖案G
底布2（印花布14種各1片）
縫份1cm
底布1（灰色）

9　6　14片
← 15 →

網底舖棉（基本圖案A78片、基本圖案G28片・各置入2片）

← 8.6 →

檔布（基本圖案A39片、基本圖案G14片）
← 6.5 →

底板用布（灰色）
0.5 ← → 2片
← 47 →

底板（網底舖棉及工作用紙）
8.5 ← → 各2片
← 45 →

支力釦（褐色底小花印花）○ 4片

提把縫合用遮蓋布（灰色）
3 ← → 7　4片

提把用布（灰色）
8　2片　← 70 →

提把用內襯（網底舖棉）
10　2片　← 54 →　摺雙

基本圖案的縫合方法

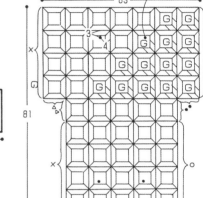

提把縫合位置
← 63 →
81

*把記號相同的縫在一起。

---

49 基本圖案G的側背包 第30頁的作品

完成尺寸：袋口寬18×高19cm
使用的基本圖案：G8片
附屬零件：口布2片

材料：
木棉布
　白底褐色小花印花 ………………………………90×40cm
　褐色與黑色的格子 ………………………………15×40cm
　印花布4種 …………………………………………各10×15cm
網底舖棉 ………………………………………………50×40cm
縫釦線 ……………………………………………………黑色
縫紉線 ……………………………………………………米白色
口金(18cm) ……………………………………………………2根

附金屬扣環的背帶(90cm) …………………………………1條
製作方法
① 製作8片基本圖案G，依圖示拼縫成袋狀。
② 參照圖示製作2片口布，用幸代縫縫在包包主體的袋口側，穿過口金。
③ 把背帶的金屬扣環扣在口金上，完成。

口布的製作方法

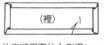
（裡）

1 依序將周圍往內側摺1cm。

疏縫　摺雙　幸代縫

2 背對背地對摺，疏縫周圍，在左右兩側縫幸代縫。

3 將②再對摺，用幸代縫縫成筒

4 靠在主體上，用幸代縫縫合。

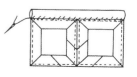

布的裁剪

底布2（印花布4種各1片、褐色與黑色的格子4片）

9　6　8片
← 15 →

底布1（白底褐色小花印花）

網底舖棉（各置入2片）

8.6　16片
← 8.6 →

檔布（白底小花印花）
6.5　8片

口布（白底小花印花）
8　2片
← 20 →

基本圖案的縫合方法

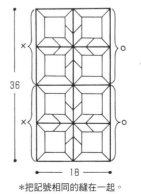
36
← 18 →

*把記號相同的縫在一起。

48 基本圖案G的手提包 第30頁的作品

完成尺寸：袋口寬36×高36cm
使用的基本圖案：G32片
附屬零件：提把A2條、提把縫合用遮蓋布4片、釦環B2
條、包釦4個、支力釦4個

材料：
木棉布
　白底褐色小花印花 ……………………90×140cm
　褐色與黑色的格子 ………………………90×25cm
　印花布16種 ……………………………各10×15cm
網底舖棉 …………………………………100×90cm
縫釦線 ………………………………………黑色
縫紉線 ………………………………………米白色

包釦(直徑1.4cm) ……………………………4個
支力釦(直徑2cm) ……………………………4個
中細毛線 ……………………………………15cm

製作方法
① 製作32片基本圖案G，依圖示拼縫成袋狀。
② 參照第66、67頁製作2條提把和4個支力釦，將提把縫在主體表側。
③ 參照第67頁製作2條釦環B，用錐子塞進主體底側基本圖案的角落中縫合。
④ 參照第67頁製作4個包釦，夾在底的表側與裡側縫合。

布的裁剪

底布2(印花布16種各1片、褐色與黑色的格子16片)

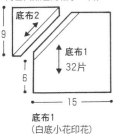

底布1
(白底小花印花)

網底舖棉
(各置入2片)

64片
← 8.6 →

包釦用布
(褐色與黑色的格子16片)
表布　裡布 各4片
← 3 →　← 3 →

檔布
(白底小花印花)
‡32片
← 6.5 →

支力釦用布
(褐色與黑色的格子)
○ 4片
← 4 →

提把用布
(白底小花印花)
8
← 2片 →
← 64 →

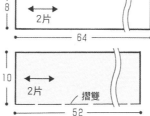
10
2片　摺雙
← 52 →
提把用內襯(網底舖棉)

釦環用布
(白底小花印花)

2
← 2片 →
← 7 →

提把縫合用遮蓋布
(白底小花印花)
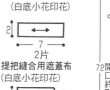
3
← 4片 →
← 7 →

基本圖案的縫合方法

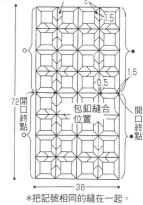

提把縫合位置

包釦縫合位置

72 開口終點

開口終點

← 36 →

*把記號相同的縫在一起。

---

47 大型基本圖案L的和式提包 第30頁的作品

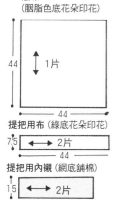

完成尺寸：袋口寬25cm
使用的基本圖案：L(大尺寸)1片
附屬零件：提把2條、提把縫合用遮蓋布4片、緞帶穿口用的布環A4個、裝飾環用的布環1條、支力釦4個、底板1片

材料：
木棉布
　胭脂色底花朵印花 ………………………45×45cm
　黑底印花 …………………………………60×35cm
　綠底花朵印花 ……………………………50×19cm
網底舖棉 …………………………………50×80cm
縫釦線 …………………………………米白色、胭脂色
縫紉線 ………………………………………墨綠色
胭脂色的緞面緞帶(寬2cm) …………………100cm

支力釦(直徑2cm) ……………………………4個
裝飾環(直徑3cm) ……………………………1個
工作用紙 …………………………………15×30cm

製作方法
① 製作1片每邊長36cm的大型基本圖案L並縫上壓線。(請參照第111頁和式提包的壓線圖)
② 製作4條緞帶穿口用的布環A(請參照第67頁環A的製作方法)，夾入檔布縫合，縫成袋狀。
③ 參照下圖製作1條布環，穿過裝飾環後依圖示縫在基本圖案的角落。
④ 參照第66、67頁製作2條提把A、4片提把縫合用遮蓋布和4個支力釦，將提把縫在主體上。
⑤ 製作底板並置入底部，在兩側的緞帶穿口穿入緞帶，綁成漂亮的蝴蝶結。

布的裁剪

底布
(胭脂色底花朵印花)
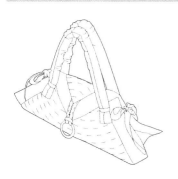
44
1片
← 44 →

提把用布(綠底花朵印花)
7.5 ← 2片 →
← 36 →

提把用內襯(網底舖棉)
1.5 ← 2片 →
← 36 →

網底舖棉
36
1片
← 36 →

布環用布
(綠底花朵印花)
3.5 1片
← 17 →

底板用布
(黑底印花)
8 ‡2片
← 28 →

緞帶穿口用布
(胭脂色底花朵印花)
4 4片
← 9 →

檔布
(黑底印花)
32
‡1片
← 32 →

支力釦用布
(胭脂色底花朵印花)
○ 4

提把縫合用遮蓋布
(綠底花朵印花)
3 4片
← 6 →

底板
(網底舖棉和工作用紙)
6 各2片
← 26 →

基本圖案的製作方法

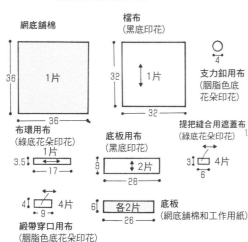

壓線
17　3.5　2
17
36
1.5
緞帶穿口布環
← 36 →

*把記號相同的縫在一起。
*布環的製作方法及緞帶穿口的製作方法與第67頁釦環A的製作方法相同。

布環的製作方法

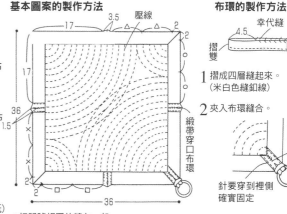

幸代縫
4.5
摺雙

1 摺成四層縫起來。(米白色縫釦線)

2 夾入布環縫合。

把布環穿過裝飾環。

針要穿到裡側確實固定

23 化妝包　第23頁的作品

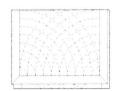

完成尺寸：16×24cm
使用的基本圖案：N2片
材料：
木棉布
　米白色 ……………………………………30×60cm
　綠底花朵印花 …………………………25×45cm
網底鋪棉 ……………………………………25×50cm

縫釦線 …………………………………………………綠色
縫紉線 …………………………………………………米白色
製作方法
① 參照第101頁製作2片基本圖案N，參照第113頁的壓線圖縫上壓線。
② 將2片基本圖案用幸代縫縫合。
③ 兩側也用幸代縫縫合，完成。

布的裁剪

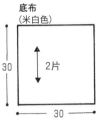

底布
（米白色）
30
2片
30

網底鋪棉
24
2片
24

檔布
（綠底花朵圖案）

22
2片
22

完成圖

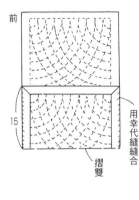

前　後
15
摺雙
用幸代縫縫合

基本圖案的縫合方法

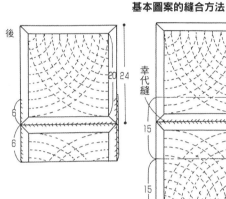
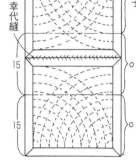

20 24
幸代縫
蓋子
15
15
6
6

*把記號相同的縫在一起。

---

24 迷你茶室袋　第23頁的作品

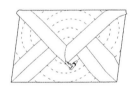

完成尺寸：12×17.5cm
使用的基本圖案：N1片
附屬零件：插釦用的布環1條
材料：
木棉布
　米白色底花朵印花 ……………………30×35cm
　綠底花朵印花 …………………………25×25cm
網底鋪棉 ……………………………………25×25cm
縫釦線 …………………………………………墨綠色

縫紉線 …………………………………………………米白色
插釦（3cm） …………………………………………1個
製作方法
① 參照第101頁製作1片基本圖案N，參照第112頁的壓線圖縫上壓線。
② 參照圖示製作布環，穿過插釦，夾在基本圖案的角落縫合。
③ 依圖示摺疊，用幸代縫縫成袋狀。

布的裁剪

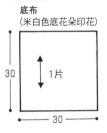

底布
（米白色底花朵印花）
30
1片
30

網底鋪棉
24
1片
24

檔布
（綠底花朵印花）
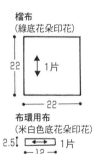
22
1片
22

布環用布
（米白色底花朵印花）
2.5 ▭ 1片
12

基本圖案的製作方法

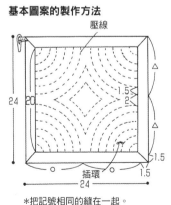

壓線
24 20
1.5
2
1.5
1.5
△
△
插環
1.5

完成圖

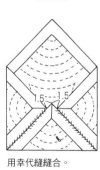

1.5 1.5

用幸代縫縫合。

*把記號相同的縫在一起。

●實物大壓線圖請參照第112頁

插環的製作方法

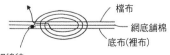

檔布
網底鋪棉
底布（裡布）

把線結藏進去
1 用縫釦線繞3圈。

2 打結並隱藏至內部。

3 在①的線上依釦眼繡的要領製作插環。

布環的製作方法

 ➡

1 摺成四層縫起來。

錯開0.5cm
2 把布環穿過插釦。

28 手提包2款 第24頁的作品(2款僅顏色不同,這裡解說的是前方的作品)

完成尺寸:24×24cm
使用的基本圖案:N2片
附屬零件:提把2條、提把縫合用遮蓋布4片、支力釦4個
材料:
木棉布
　米白色底花朵印花 ·····················30×60cm
　綠底花朵印花 ·······················25×45cm
　白底金色圓點 ·······················15×70cm
網底鋪棉 ···························25×50cm
縫釦線 ····························綠色

縫紉線 ····························米白色
奶油色緞面緞帶(寬4mm) ···················130cm
支力釦(直徑2cm) ······················4個

製作方法
① 參照第101頁製作2片基本圖案N,參照第113頁的壓線圖縫上壓線。
② 參照第66、67頁製作2條提把A、4片提把縫合用遮蓋布和4個支力釦,將提把縫在主體上。
③ 使2片基本圖案背對背地對齊,用幸代縫縫合3邊,成為袋狀。
④ 在袋口穿緞帶,完成。

布的裁剪

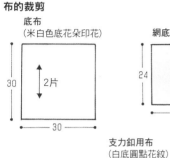
底布
(米白色底花朵印花)
30 / 2片 / 30

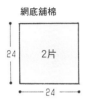
網底鋪棉
24 / 2片 / 24

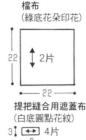
檔布
(綠底花朵印花)
22 / 2片 / 22

支力釦用布
(白底圓點花紋)
4 / 4片

提把縫合用遮蓋布
(白底圓點花紋)
3 / 4片 / 6

提把用布
(白底圓點花紋)
7.5 / 2片 / 60

提把用內襯
(網底鋪棉)
10 / 2片 / 48

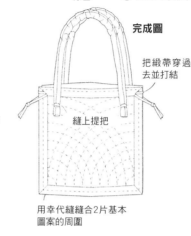

完成圖

把緞帶穿過去並打結

縫上提把

用幸代縫縫合2片基本圖案的周圍

穿緞帶的位置
提把縫合位置
壓線
檔布
底布

●實物大壓線圖在第113頁

---

50 基本圖案Q的附拉鍊手提包 第30頁的作品

完成尺寸:袋口寬30×高18cm
使用的基本圖案:Q2片
附屬零件:口布2片、提把A2條、提把縫合用遮蓋布4片、支力釦4個、底板1片
材料:
木棉布
　深灰色素布 ·······················90×65cm
　黑色素布 ························15×30cm
　印花布、格子布等10種 ··················各15×25cm
檔布用底布(米白色) ·····················40×40cm
網底鋪棉 ···························100×60cm
縫釦線 ····························米白色

縫紉線 ····························深灰色
支力釦(直徑2cm) ······················4個
雙開拉鍊(30cm) ·······················1條
工作用紙 ·························30×25cm

製作方法
① 參照第86頁製作2片基本圖案Q及底板,將2片基本圖案縫合成環狀後再與底板縫合成為袋狀。
② 參照第75頁的口布製作方法製作口布,縫在包包主體的袋口側。
③ 參照第66、67頁製作2條提把A、4片提把縫合用遮蓋布和4個支力釦,縫在主體上。
④ 參照第67頁製作底板,置入包包底部,完成。

布的裁剪

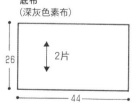
底布
(深灰色素布)
26 / 2片 / 44

檔布12
(黑色素布)
16.4 / 4片 / 7.4

檔布1
(黑色素布)
16.4 / 2片 / 5

檔布2~11
(印花布、格子布等10種)
16.4 / 各4片 / 5

提把用布
(深灰色素布)
8 / 2片 / 46

提把用網底鋪棉
10 / 2片 / 摺雙 / 36

口布
(深灰色素布)
10 / 2片 / 36

提把縫合用遮蓋布
(深灰色素布)
3 / 4片 / 7

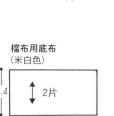
檔布用底布
(米白色)
7.4 / 2片 / 35.4

網底鋪棉
7.6 / 2片 / 35.6

底板用布
(深灰色素布)
16 / 4片 / 24

底板(網底鋪棉及工作用紙)
14 / 各4片 / 22

4片
支力釦用布
(深灰色素布)

底板

側邊縫合位置
對齊記號

●實物大壓線圖在第106頁

85

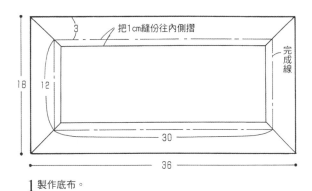

1 製作底布。

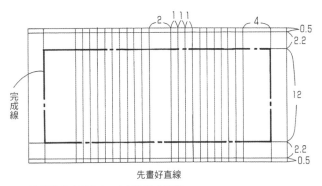

2 製作檔布用底布。如圖般先畫好線。

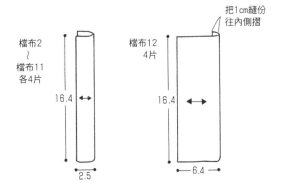

3 製作檔布。將檔布2~11(各4片)縱向對摺並用熨燙燙平。
檔布12把1cm的縫份往內側摺。

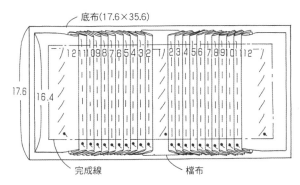

4 將檔布依照1~12的順序疏縫在檔布的底布上。在檔布2
~12上壓線。

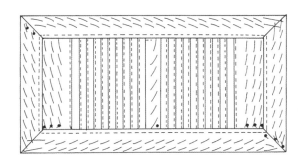

5 在①的底布中置入網底鋪棉,再置入4的檔布,使完成線
相互重疊,在底布的周圍疏縫固定。檔布上也要縫八字形
的疏縫。

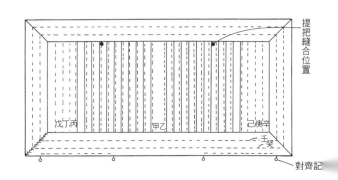

6 1.沿著底布的周圍縫立針縫。
2.依照甲~壬的順序壓線。
3.在對齊記號之間用小針目平針縫做縮縫。
　(2條縫紉線‧美國針9號)
4.角落由內側往外側以幸代縫縫合。

基本圖案Q的實物大圖案

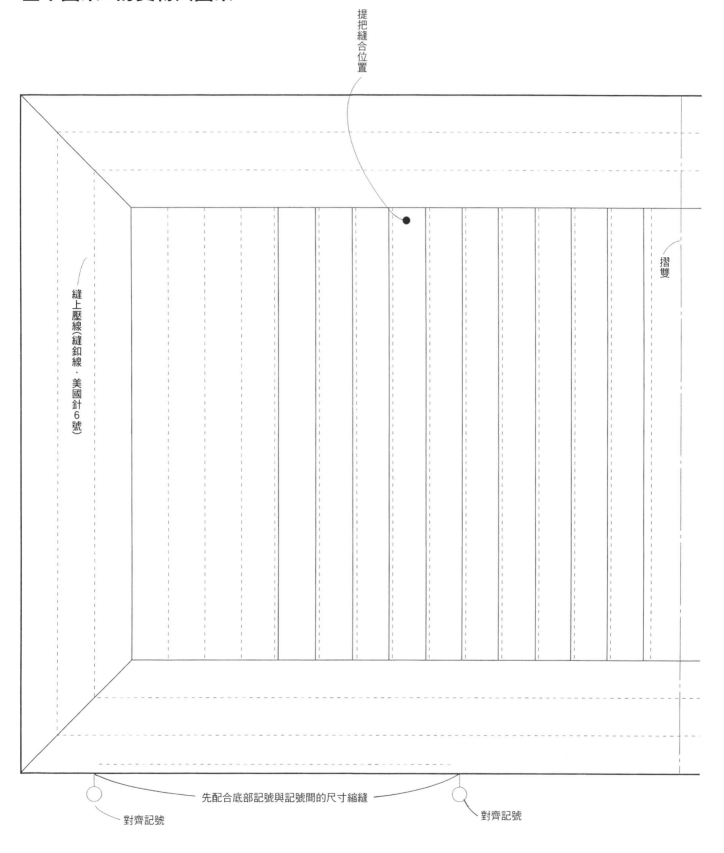

提把縫合位置

摺雙

縫上壓線（縫釦線‧美國針6號）

先配合底部記號與記號間的尺寸縮縫

對齊記號

對齊記號

完成尺寸：18×18cm
使用的基本圖案：P2片
材料：

木棉布
淺褐色底黑色格子 ························· 25×50cm
黑色素布 ································ 35×45cm
磚瓦色底印花布 ······················· 20×15cm
印花布、格子布等10種 ················ 各20×15cm
檔布用底布(木棉) ····················· 20×40cm

網底鋪棉 ······························· 20×40cm
縫釦線 ···································· 米白色
縫紉線 ····································· 黑色
口金(15cm) ······························· 1個
鍊子(90cm) ······························· 1條

製作方法
① 製作2片基本圖案P，背對背地對齊，將3邊縫合成袋狀。
② 在袋口側穿口金，掛上鍊子，完成。

布的裁剪

底布
(淺褐色底黑色格子)

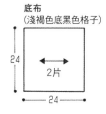

網底鋪棉

檔布用底布
(木棉)

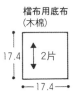

檔布

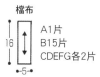

A1片
B15片
CDEFG各2片

基本圖案P的製作方法

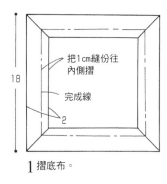

把1cm縫份往內側摺

完成線

1 摺底布。

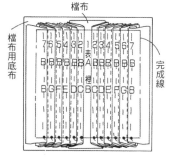

3 製作檔布。在②的檔布用底布中央擺放檔布1，然後再依照2～7的順序擺上檔布並疏縫，在2～6上壓線。(縫釦線‧美國針6號)

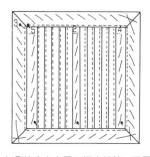

4 在①的底布中置入網底鋪棉，再置入③的檔布，沿著底布的周圍疏縫。依照2～5的順序縫上八字形的疏縫。

5 垂直運針，用細密的針目壓線。(2條縫紉線‧美國針9號)

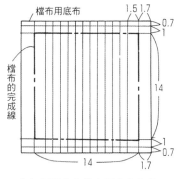

檔布用底布

檔布的完成線

2 如圖般先在檔布用底布上畫線。

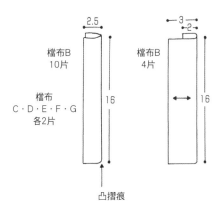

檔布B
10片

檔布B
4片

檔布
C‧D‧E‧F‧G
各2片

凸摺痕

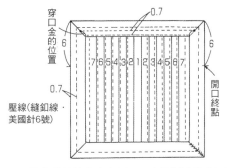

穿口金的位置

壓線(縫釦線‧美國針6號)

開口終點

用立針縫縫合底布周圍，在檔布1、檔布7及底布的外圍壓線。

角落由內側往外側的角用幸代縫縫合。

基本圖案P的實物大圖案

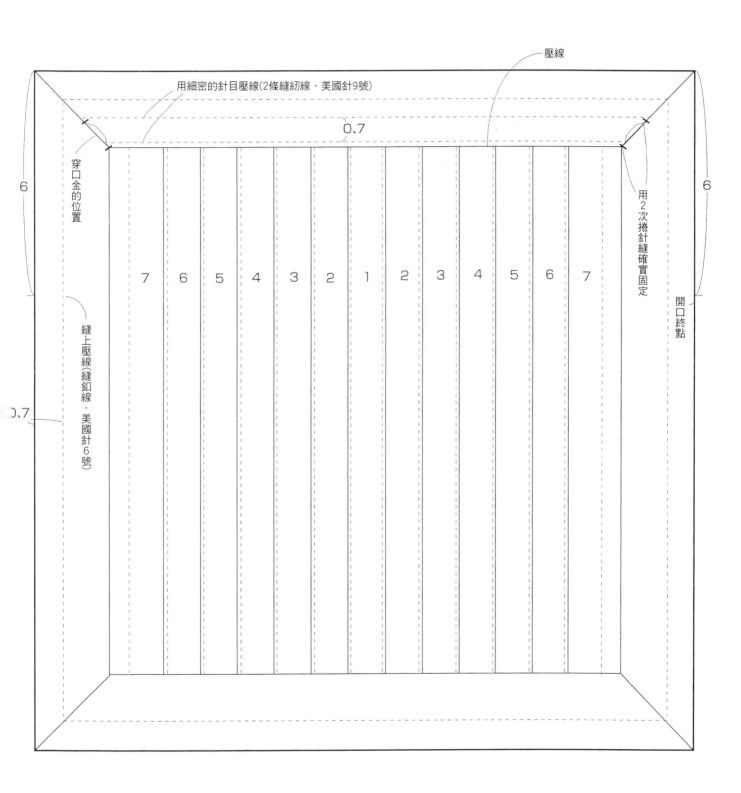

用細密的針目壓線(2條縫紉線・美國針9號)

壓線

穿口金的位置

縫上壓線(縫釦線・美國針6號)

用2次捲針縫確實固定

開口終點

6

6

0.7

0.7

7　6　5　4　3　2　1　2　3　4　5　6　7

完成尺寸：138×37.5cm
使用的基本圖案：A53片、每邊5cm的基本圖案
　　　　　　　　A(小)24片

材料：
木棉布
　白底藏青色印花 ……………………寬90×100cm
　藏青色底白色印花 …………………寬90×120cm
　芥末色素布 …………………………寬90×25cm
網底舖棉 …………………………………寬100×70cm
縫釦線 ………………………………………藏青色
縫紉線 ………………………………………藏青色

製作方法
① 製作53片基本圖案A和24片每邊5cm的基本圖案A，
　在檔布上依圖示縫上壓線。
② 用幸代縫縫合成如完成圖般的模樣。

壓線的縫法

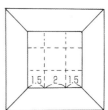

在檔布上壓線。針目要
穿到裡側。（縫釦線‧
美國針6號）

布的裁剪

基本圖案A

底布
（白底印花33片、藏
青色底印花20片）
15 / 15

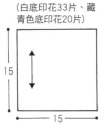

網底舖棉
8.6 / 8.6
53片

檔布
（藏青色底印花33片、
芥末色素布20片）
6.5

基本圖案A (小)

底布
（白底印花）
9 / 9
24片

網底舖棉
4.6 / 4.6
24片

檔布
（芥末色素布）
3.5 / 3.5
24片

5

基本圖案A(小)的紙型

底布裁剪用紙型
9 / 5

底布摺疊用紙型
5

網底舖棉
裁剪用紙型
4.6

檔布
裁剪用紙型
3.5

檔布
摺疊用紙型
2

完成尺寸：27×81cm
使用的基本圖案：A27片
材料：
木棉布
　駝色 …………………………………寬90×80cm
　駝色底紅綠格子 ……………………寬90×25cm
網底舖棉 …………………………………寬100×30cm
縫釦線 ………………………………………黑色
縫紉線 ………………………………………米白色

製作方法
製作27片基本圖案A，用幸代縫縫合成如完成圖
般的模樣。

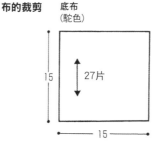

布的裁剪

底布
（駝色）
15 / 15
27片

網底舖棉
8.6 / 8.6
27片

檔布
（駝色底格子）
6.5 / 6.5
27片

55 桌面裝飾巾Ⅲ 第34頁的作品

完成尺寸：178×51cm
使用的基本圖案：A95片、每邊5cm的基本圖案
A(小)32片

材料：
木棉布
灰底印花 …………………………寬110×150cm
黑色素布 …………………………寬90×150cm
胭脂色花朵印花 …………………寬110×30cm
網底舖棉 …………………………寬100×70cm
縫釦線 ………………………………………灰色
縫紉線 ………………………………………黑色

製作方法
製作95片基本圖案A(參照第52.53頁)和32片每邊5cm
的基本圖案A(小.參照第90頁)，用幸代縫縫合成如完
成圖般的模樣。

布的裁剪

基本圖案A

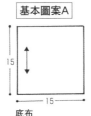
底布
(灰底印花39片、黑色素布56片)

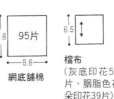
15 / 8.6 / 8.6
95片
網底舖棉

6.5
檔布
(灰底印花56
片、胭脂色花
朵印花39片)

基本圖案A (小)

32片
底布
(灰底印花)

4.6 32片 / 4.6
網底舖棉

3.5 32片 / 3.5
檔布
(胭脂色花朵印花)

56 長方形淺盤 第34頁的作品

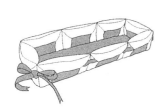

完成尺寸：27×9×4.5cm
使用的基本圖案：A8片
附屬零件：底板1片
材料：
木棉布
灰底印花………………………30×60cm
胭脂色花朵印花………………30×30cm
黑色素布………………………12×30cm
網底舖棉………………………40×40cm

縫釦線 ………………………………………灰色
縫紉線 ………………………………………黑色
工作用紙 …………………………20×30cm
緞帶(寬9mm)…………………………140cm

製作方法
① 製作8片基本圖案A，對摺，連接成環狀。
② 參照第67頁製作底板，與底的周圍縫合。
③ 穿上緞帶，綁個漂亮的蝴蝶結，完成。

布的裁剪

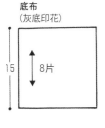
底布
(灰底印花)
15 / 8片

網底舖棉
8.6 / 8片

檔布(胭脂色花朵印花)
8片
6.5

底板用布(表.胭脂色花朵印花、裡.黑色素布)
10.5 / 各1片
28.5

底板(網底舖棉及工作用紙)
8.5 / 各2片
26.5

基本圖案的縫合方法

摺雙
把基本圖案背對背地對摺

4.5
摺雙 / 穿緞帶 / 在角落打結
72
*把記號相同的
縫在一起。

58 小淺盤 第34頁的作品

完成尺寸：9×9×4.5cm
使用的基本圖案：A4片
附屬零件：底板1片
材料：
木棉布
灰底印花 …………………15×60cm
胭脂色花朵印花 ……15×25cm

黑色素布 …………………12×12cm
網底舖棉 …………………20×30cm
縫釦線…………………………灰色
縫紉線…………………………黑色
工作用紙 …………………10×20cm
緞帶(寬9mm)…………………100cm

製作方法
① 製作4片基本圖案A，對摺，連接成環狀。
② 參照第67頁製作底板，與底的周圍縫合。
③ 穿上緞帶，綁個漂亮的蝴蝶結，完成。

布的裁剪

底布
(灰底印花)
15 / 4片 / 15

網底舖棉
8.6 / 4片 / 8.6

檔布
(胭脂色花朵印花)
6.5 / 4片 / 6.5

底板用布
(表.胭脂色花朵印
花、裡.黑色素布)
10.5 / 各1片 / 10.5

底板
(網底舖棉及工作用紙)
8.5 / 各2片 / 8.5

基本圖案的縫合方法

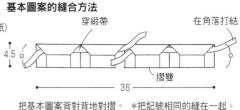
4.5
穿緞帶 / 在角落打結
摺雙
36
把基本圖案背對背地對摺。 *把記號相同的縫在一起。

57 正方形淺盤 第34頁的作品

完成尺寸：4.5×18×18cm
使用的基本圖案：A8片
附屬零件：底板1片
材料：
木棉布
　灰底印花 ⋯⋯⋯⋯50×50cm
　胭脂色花朵印花 ⋯⋯30×35cm

黑色素布 ⋯⋯⋯⋯⋯20×20cm
網底舖棉 ⋯⋯⋯⋯⋯40×50cm
縫釦線 ⋯⋯⋯⋯⋯⋯灰色
縫紉線 ⋯⋯⋯⋯⋯⋯黑色
工作用紙 ⋯⋯⋯⋯⋯10×20cm
緞帶(寬9mm) ⋯⋯⋯⋯200cm

製作方法
①製作8片基本圖案A，對摺，連接成環狀。
②參照第67頁製作底板，與底的周圍縫合。
③穿上緞帶，綁個漂亮的蝴蝶結，完成。

布的裁剪

底布
(灰底印花)
15 ⇕ 8片 —15—
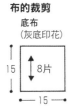

網底舖棉
8.6 8片 —8.6—

檔布
(胭脂色花朵印花)
6.5 ⇕ 8片 —6.5—

底板用布
(表·胭脂色花朵印花、裡·黑色素布)
19.5 各1片 —19.5—
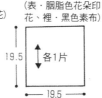

底板
(網底舖棉及工作用紙)
17.5 各2片 —17.5—

基本圖案的縫合方法

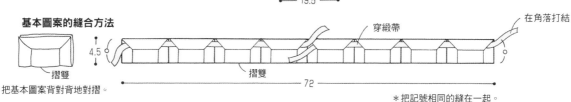

摺雙
把基本圖案背對背地對摺。
4.5
摺雙 ── 72 ──
穿緞帶
在角落打結

＊把記號相同的縫在一起。

---

62 抱枕套 第38頁的作品

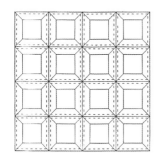

完成尺寸：36×36cm
使用的基本圖案：A16片
附屬零件：裡布2片
材料：
木棉布
　駝色 ⋯⋯⋯⋯⋯⋯⋯⋯⋯寬90×90cm
　駝色底紅綠格子 ⋯⋯⋯⋯25×45cm
網底舖棉 ⋯⋯⋯⋯⋯⋯⋯⋯40×40cm
縫釦線 ⋯⋯⋯⋯⋯⋯⋯⋯黑色
縫紉線 ⋯⋯⋯⋯⋯⋯⋯⋯米白色
魔鬼氈(寬2.5cm) ⋯⋯⋯⋯2.5cm

製作方法
①製作16片基本圖案A，依圖示連接成抱枕的表面。
②參照圖中1〜3製作裡布，參照圖4將表面與裡布縫合，完成。

布的裁剪

底布
(駝色)
15 ⇕ 16片 —15—

網底舖棉
(各置入2片)
8.6 32片 —8.6—

檔布
(駝色底格子)
6.5 ⇕ 16片 —6.5—

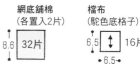

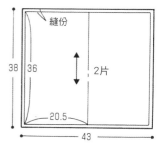

縫份
38 36 2片
20.5
—43—

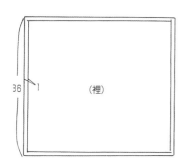

1 把1cm縫份往裡側摺，用熨斗燙平。

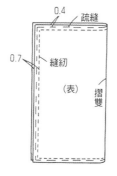

2 背對背地對摺，疏縫固定，縫紉距離布邊0.7cm的內側。(共製作2片)

3 魔鬼氈用小針目確實縫合。

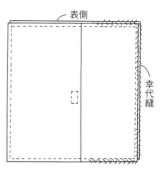

4 與表側重疊，疏縫固定，用幸代縫縫合周圍。

64 抱枕套　第38頁的作品(第36頁作品60的右側作品做法一樣，僅顏色不同，故用〔〕表示)

完成尺寸：36×36cm
使用的基本圖案：A16片
附屬零件：裡布2片
材料：

木棉布
　黑色素布〔灰底印花〕 ·············寬90×85cm
　胭脂色花朵印花〔米白色底條紋及花朵印花〕 30×30cm
網底舖棉 ····································40×40cm
縫釦線 ·································灰色〔米白色〕
縫紉線 ··································黑色〔灰色〕

魔鬼氈(寬2.5cm) ·····························2.5cm
緞帶(寬9mm) ·································280cm
製作方法
① 製作16片基本圖案A，依圖示連接成抱枕的表面。
② 參照第92頁的圖1~3製作裡布，參照圖4將表面與裡布縫合。
③ 穿上緞帶，綁個漂亮的蝴蝶結，完成。

布的裁剪

底布
(黑色素布〔灰底印花布〕)
15　16片　15

網底舖棉
8.6　16片　8.6

檔布
(胭脂色花朵圖案〔米白色底條紋及花朵印花〕)
6.5　16片　6.5

裡布
(黑色素布〔灰底印花〕)
38　2片　43

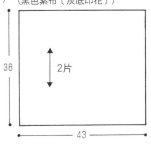

基本圖案的縫合方法

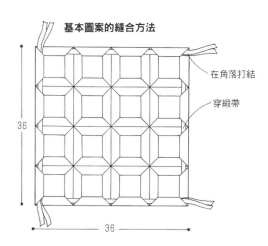

在角落打結
穿緞帶
36　36

---

60 抱枕套　第36頁的作品

完成尺寸：45×45cm
使用的基本圖案：A25片
附屬零件：裡布2片
材料：

木棉布
　灰底印花 ································寬90×130cm
　米白色底條紋及花朵印花 ···············30×40cm
網底舖棉 ····································50×50cm
縫釦線 ··米白色

縫紉線 ···灰色
魔鬼氈(寬2.5cm) ·····························2.5cm
緞帶(寬9mm) ·································280cm
製作方法
① 製作25片基本圖案A，依圖示連接成抱枕的表面。
② 參照第92頁的圖1~3製作裡布，參照圖4將表面與裡布縫合。
③ 穿上緞帶，綁個漂亮的蝴蝶結，完成。

布的裁剪

底布
(灰底印花)
15　25片　15

網底舖棉
8.6　25片

檔布
(米白色底條紋及花朵印花)
6.5　25片　6.5

裡布
(灰底印花)
47　2片　52

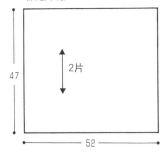

基本圖案的縫合方法

在角落打結
穿緞帶
45　45

93

67 抱枕套 第39頁的作品

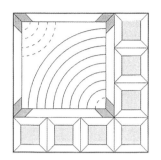

完成尺寸：32×32cm
使用的基本圖案：每邊8cm的基本圖案A7片、基本圖案M1片
附屬零件：裡布2片
材料：
木棉布
　米白色底淺色印花…………………寬90×70cm
　帶點綠色的灰色素布…………………30×40cm
　灰色素布………………………………25×25cm
　芥末色條紋……………………………10×10cm
　朱紅色小花印花及黑色格子………各30×30cm
　藍灰色印花……………………………20×20cm
　粉紅色花朵圖案………………………25×25cm
　淺墨色印花……………………………25×25cm
　帶點綠色的灰色印花…………………25×25cm
網底鋪棉………………………………35×35cm
縫釦線……………………………………淺褐色
縫紉線……………………………………米白色
魔鬼氈(寬2.5cm)………………………2.5cm

製作方法
① 參照圖示製作7片每邊8cm的基本圖案A，製作方法與第52頁的基本圖案A相同。
② 參照第65頁製作1片基本圖案M。
③ 依圖示連接成抱枕的表面。
④ 參照第92頁的圖1~3製作裡布，參照圖4將表面與裡布縫合，完成。

基本圖案M

24
1片

基本圖案A
8
7片

每邊8cm的基本圖案A的紙型

底布裁剪用紙型
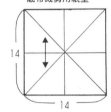
14
14

底布摺疊用紙型

8
8

網底鋪棉裁剪用紙型
7.6
7.6

檔布裁剪用紙型

6.5
6.5

檔布摺疊用紙

5
5

---

75 床罩 第46頁的作品

完成尺寸：225×189cm
使用的基本圖案：A 525片
材料：
木棉布
　黃底花朵印花……………………………寬90×300cm
　橘底花朵印花……………………………寬90×300cm
　粉紅底花朵印花…………………………寬90×200cm
　藍底花朵印花……………………………寬90×400cm
　白底花朵印花……………………………寬90×140cm
　黑色素布…………………………………寬90×420cm
　藍底黑色圓點……………………………寬90×25cm
網底鋪棉……………………………………寬100×450cm
縫釦線………………………………………天藍色
縫紉線………………………………………黑色

製作方法
改變配色製作525片基本圖案A，用幸代縫連接成如完成圖般的模樣，完成。

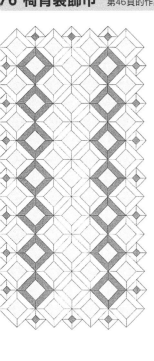

完成尺寸：100×50cm
使用的基本圖案：A53片、
每邊5cm的基本圖案A(小)20片

基本圖案A

9

53片

9

基本圖案A(小)

5

20片

5

材料：
木棉布
甲 黃底花朵印花 ……………………………寬90×100cm
乙 藍底花朵印花 ……………………………25×45cm
丙 白底花朵印花 ……………………………25×45cm
丁 粉紅底花朵印花 …………………………45×45cm
戊 黑色素布 …………………………………寬90×80cm
己 橘底花朵印花 ……………………………寬25×45cm
網底鋪棉 …………………………………………寬100×70cm
縫釦線 ……………………………………………灰色
縫紉線 ……………………………………………黑色

製作方法
製作53片基本圖案A和20片每邊5cm的基本圖案A(小)，用
幸代縫連接成如完成圖般的模樣，完成。

布的裁剪

基本圖案A

底布

15

甲色32片
丁色7片
戊色14片

15

網底鋪棉

8.6

53片

8.6

檔布

6.5

甲色7片
乙色16片
丙色16片
己色14片

基本圖案A(小)

底布 (5的顏色)

9

戊色
20片

9

網底鋪棉

4.6

20片

4.6

檔布 (6的顏色)

3.5

己色
20片

3.5

完成尺寸：198×126cm
使用的基本圖案：A240片、B64片、D4片

基本圖案A

9

240片

基本圖案B

9

64片

基本圖案D

9

4片

材料：
木棉布
粉紅色小花印花 ……………………………寬90×600cm
米白色 ………………………………………寬90×420cm
印花布30種 …………………………………各適量
網底鋪棉 …………………………………………寬100×270cm
縫釦線 ……………………………………………深褐色
縫紉線 ……………………………………………米白色

製作方法
如完成圖所示，中心是240片基本圖案A，周圍連接64片
基本圖案B，四個角落則配置4片基本圖案D，用幸代縫縫
合。

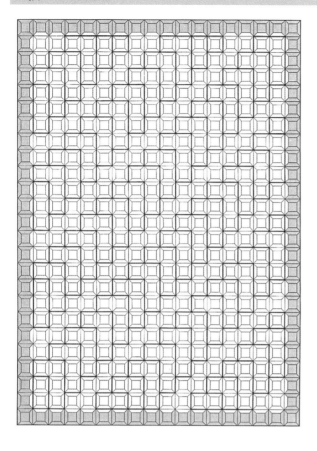

完成尺寸：225×162cm
使用的基本圖案：A372片、E78片

基本圖案A　　　　基本圖案E

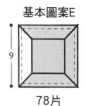

9　　　　　　　9

372片　　　　　78片

材料：
木棉布
　縱向條紋 ……………………………………寬90×290cm
　米白色底印花 ………………………………寬90×440cm
　印花、格子、條紋等 ………………………各適量
網底舖棉 ………………………………………寬100×420cm
縫釦線………………………………………………灰色
縫紉線………………………………………………米白色
製作方法
如完成圖所示，把基本圖案A放在中心，周圍用基本圖案
E(四個角是基本圖案A)圍起來，用幸代縫縫合。

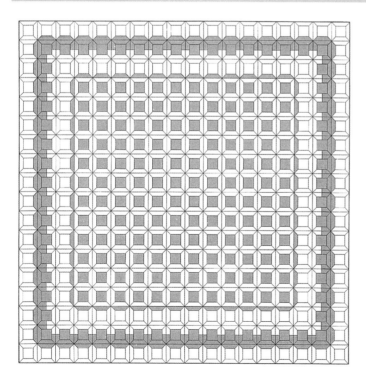

完成尺寸：162×162cm
使用的基本圖案：A152片、B56片、D4片、E112片

基本圖案A　　　基本圖案B　　　基本圖案D　　　基本圖案E

9　　　　　9　　　　　9　　　　　9

152片　　　　56片　　　　4片　　　　112片

材料：
木棉布
　白底灰色花朵印花 …………………………寬90×39cm
　黑底褐色花朵印花 …………………………寬90×150cm
　米白色底黑色格子 …………………………寬90×80cm
　米白色底淺褐色印花 ………………………寬90×260cm
　綠色格子 ……………………………………寬90×80cm
　花朵印花或格子等 …………………………各適量
網底舖棉 ………………………………………寬100×230cm
縫釦線 ……………………………………………黑色
縫紉線 ……………………………………………灰色
製作方法
如完成圖所示，把基本圖案A放在中心，第二層是基本圖
案E(四個角是基本圖案A)，第三層是基本圖案B(四個角是
基本圖案D)，最外圍是基本圖案E(四個角是基本圖案A)，
用幸代縫縫合。

16 回力鏢 第20頁的作品

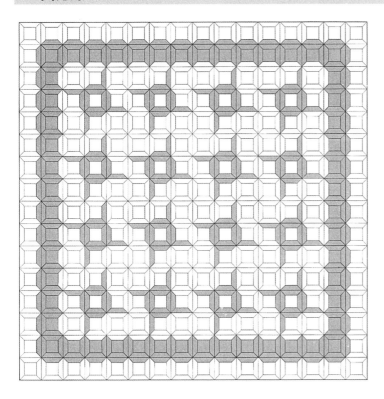

完成尺寸：144×144cm
使用的基本圖案：A88片、C64片、E104片

基本圖案A	基本圖案C	基本圖案E
88片	64片	104片

材料：
木棉布
　淺灰色印花 ·······················寬90×220cm
　褐色底印花 ·······················寬90×180cm
　米白色底淺灰色印花 ···············寬90×390cm
印花、格子、條紋等80種 ·············各適量
網底舖棉 ··························寬100×230cm
縫釦線 ····························灰色、米白色
縫紉線 ····························灰色、米白色

製作方法
如完成圖所示，利用5片基本圖案A和4片基本圖案C組合成"回力鏢"的形狀，共製作16個這樣的區塊，周圍用基本圖案E(四個角是基本圖案A)包圍，再外圍用基本圖案E(四個角是基本圖案A)包圍，用幸代縫縫合。

70 小小的波紋 第42頁的作品

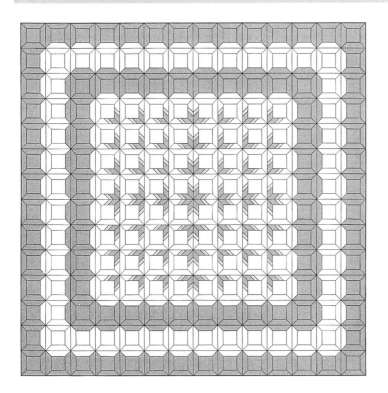

完成尺寸：126×126cm
使用的基本圖案：A12片、E120片、H64片

基本圖案A	基本圖案E	基本圖案H
12片	120片	64片

材料：
木棉布
　米白色底淺灰色印花 ···············寬90×270cm
　苔綠色底白色小花印花 ·············寬90×180cm
　奶油色底藍色小花印花 ·············寬90×170cm
　褐色格子 ·························寬90×60cm
　印花、格子等9種 ··················15×40cm
　褐色素布 ·························寬90×35cm
網底舖棉 ··························寬100×160cm
縫釦線 ····························墨綠色
縫紉線 ····························米白色

製作方法
如完成圖所示，用64片基本圖案H組合成中心部分，周圍用基本圖案E(四個角是基本圖案A)包圍三層，用幸代縫縫合。

18 氣息 第21頁的作品

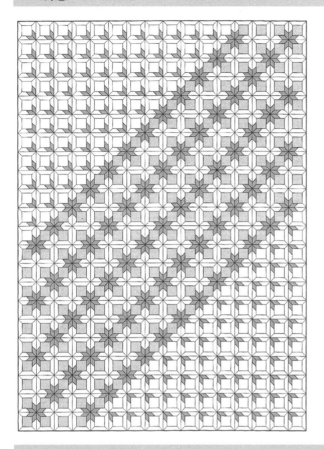

完成尺寸：189×135cm
使用的基本圖案：A8片、G248片、I59片

基本圖案A　　　基本圖案G　　　基本圖案I

8片　　　　　　248片　　　　　　59片

材料：
木棉布
　白底印花 ·························寬90×900cm
　綠底圓點印花 ···················寬110×320cm
　粉紅色小花印花·················各適量
網底鋪棉 ···························寬100×300cm
縫釦線 ·····························灰色
縫紉線 ·····························米白色
製作方法
如完成圖所示，左上及右下的三角形部分是基本圖案G，
其間則是基本圖案A、G、I的組合，用幸代縫縫合。

69 漩渦 第41頁的作品

完成尺寸：112×112cm
使用的基本圖案：A16片、G36片、M16片

基本圖案A　　基本圖案G　　　基本圖案M

16片　　　　36片　　　　　　16片

材料：
木棉布
　淺色印花布 ·······················寬90×360cm
　綠灰色素布 ·······················寬90×120cm
　灰色素布 ·························寬90×60cm
　芥末色條紋 ·······················25×45cm
　朱紅色小花印花、黑色小格子 ···········各寬90×50cm
　藍灰色印花 ·······················寬90×45cm
　粉紅色花朵印花 ···················寬90×40cm
　藍色花朵印花 ·····················寬90×35cm
　黑色格子 ·························寬90×30cm
　印花布 ···························寬90×15cm
網底鋪棉 ···························寬100×200cm
縫釦線 ·····························深褐色
縫紉線 ·····························米白色
製作方法
如完成圖所示，中央部分是16片基本圖案M的連接，周圍
則是基本圖案A與G的組合，用幸代縫縫合。

完成尺寸：184×376cm
使用的基本圖案：A44片、G92片、M105片

基本圖案A
44片

基本圖案G
92片

基本圖案M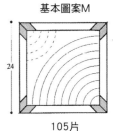
105片

材料：
木棉布
　淺色印花布………………………………寬90cm×15m
　綠灰色素布 ………………………………寬90cm×4m
　灰色素布 …………………………………寬90cm×7m
　芥末色條紋布 ……………………………寬90cm×1m
　朱紅色小花印花、黑色小格子 …………各寬90cm×3m
　藍灰色印花 ………………………………寬90cm×2.8m
　粉紅色花朵印花 …………………………寬90cm×2.4m
　藍色花朵印花 ……………………………寬90cm×2.1m
　黑色格子 …………………………………寬90cm×1.2m
　印花布 ……………………………………寬90cm×90cm
網底舖棉 ……………………………………寬1m×8m
縫釦線 ………………………………………深褐色
縫紉線 ………………………………………米白色

製作方法
如完成圖所示，中央部分是105片基本圖案M的連接，周圍則是基本圖案A與G的組合，用幸代縫縫合。

13 風車 II 第19頁的作品

完成尺寸：171×90cm
使用的基本圖案：A18片、E50片、G32片、貼布繡的N5片、只有壓
線的N5片

材料：
木棉布
　褐色底印花 ……………………………………………… 寬90×350cm
　黑底印花 ………………………………………………… 寬90×250cm
　米白色 …………………………………………………… 寬90×100cm
　印花5、條紋2、格子1種 ……………………………………… 各適量
網底鋪棉 …………………………………………………… 寬100×170cm
縫釦線 …………………………………………………………… 墨綠色
縫紉線 …………………………………………………………… 綠色

製作方法
如完成圖所示，中央是把5片有貼布繡的基本圖案N和5片只有壓線的
基本圖案N連接成市松花樣，周圍則是基本圖案A與G的組合，最外圍
再用基本圖案E包圍起來(四個角是基本圖案A)，用幸代縫縫合。

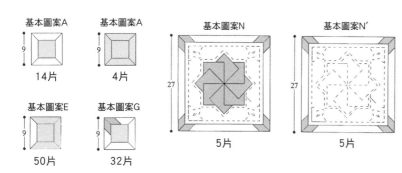

基本圖案A　9　14片
基本圖案A　9　4片
基本圖案N　27　5片
基本圖案N′　27　5片
基本圖案E　9　50片
基本圖案G　9　32片

73 一枝獨秀 第45頁的作品

基本圖案A　9　8片
基本圖案G　9　64片
基本圖案E　9　56片
基本圖案L　36　1片

完成尺寸：108×108cm
使用的基本圖案：A8片、E56片、G64片、L1片
材料：
木棉布
　米白色 …………………………………………… 寬90×110cm
　灰色素布 ………………………………………… 寬90×150cm
　米白色底小花印花 ……………………………… 寬90×280cm
　綠色格子 ………………………………………… 寬90×70cm
　印花、格子等37種 ……………………………… 各15×10cm
網底鋪棉 …………………………………………… 寬100×150cm
縫釦線 ……………………………………………………… 深灰色
縫紉線 ……………………………………………………… 米白色

製作方法
如完成圖所示，在1片基本圖案L的周圍用20片基本圖
案G包圍，外圍再用基本圖案E(四個角是基本圖案A)包
2層，最外層是基本圖案G，用幸代縫縫合。
●基本圖案L的貼布繡及壓線的實物大圖案在第104頁

布的裁剪

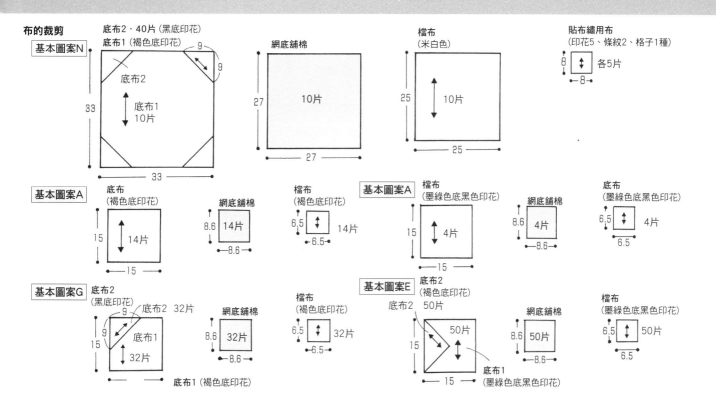

基本圖案N

底布2·40片 (黑底印花)
底布1 (褐色底印花)
9
9
底布2
底布1
10片
33
33

網底舖棉
10片
27
27

檔布
(米白色)
10片
25
25

貼布繡用布
(印花5、條紋2、格子1種)
8
各5片
8

基本圖案A

底布
(褐色底印花)
14片
15
15

網底舖棉
14片
8.6
8.6

檔布
(褐色底印花)
14片
6.5
6.5

基本圖案A

檔布
(墨綠色底黑色印花)
4片
15
15

網底舖棉
4片
8.6
8.6

底布
(墨綠色底黑色印花)
4片
6.5
6.5

基本圖案G

底布2
(黑底印花)
9
9
底布2 32片
底布1
32片
15

底布1 (褐色底印花)

網底舖棉
32片
8.6
8.6

檔布
(褐色底印花)
32片
6.5
6.5

基本圖案E

底布2
(褐色底印花)
底布2 50片
15

底布1
(墨綠色底黑色印花)
15

網底舖棉
50片
8.6
8.6

檔布
(墨綠色底黑色印花)
50片
6.5
6.5

基本圖案N的製作方法

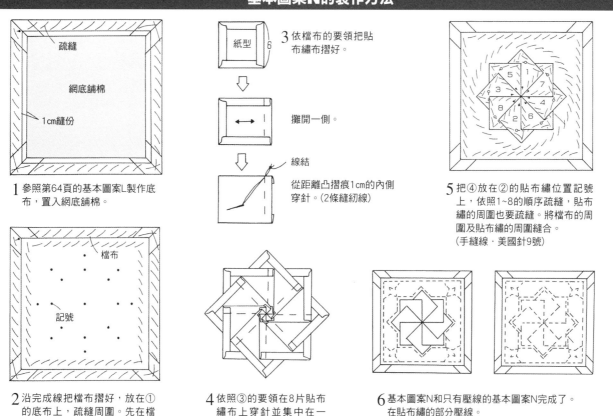

1 參照第64頁的基本圖案L製作底布，置入網底舖棉。

疏縫
網底舖棉
1cm縫份

3 依檔布的要領把貼布繡布摺好。
紙型 6
攤開一側。
從距離凸摺痕1cm的內側穿針。(2條縫紉線)
線結

5 把④放在②的貼布繡位置記號上，依照1~8的順序疏縫，貼布繡的周圍也要疏縫。將檔布的周圍及貼布繡的周圍縫合。
(手縫線·美國針9號)

2 沿完成線把檔布摺好，放在①的底布上，疏縫周圍。先在檔布的貼布繡位置做記號。
檔布
記號

4 依照③的要領在8片貼布繡布上穿針並集中在一起，在裡側的中心打結。

6 基本圖案N和只有壓線的基本圖案N完成了。在貼布繡的部分壓線。

15 初冬 第20頁的作品

完成尺寸：171×171cm
使用的基本圖案：A20片、B68片、D4片、G44片、貼布繡的
O13片、壓線的O12片

材料：
木棉布
奶油色底印花 ······························寬90×750cm
黑色格子 ································寬90×320cm
米白色 ····································寬90×130cm
印花6種 ······························各45×40cm
網底舖棉 ··································寬100×260cm
縫釦線 ······································灰色
縫紉線 ······································米白色

製作方法
如完成圖所示，中央是用13片有貼布繡的基本圖案O和12片只有
壓線的基本圖案O排列成的市松花樣，周圍用基本圖案A與G的組
合包圍，最外層再用基本圖案B(四個角是基本圖案D)圍起來，用
幸代縫縫合。

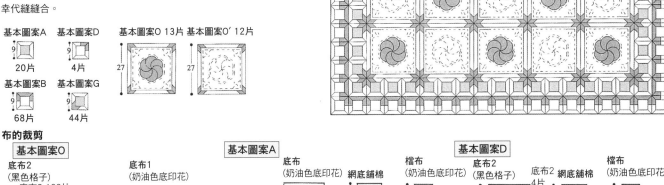

基本圖案A 20片　基本圖案D 4片　基本圖案O 13片　基本圖案O′ 12片

基本圖案B 68片　基本圖案G 44片

布的裁剪

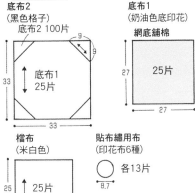

基本圖案O

基本圖案A

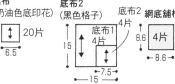

基本圖案D

基本圖案B

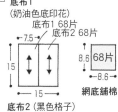

基本圖案G

基本圖案O的製作方法

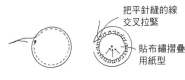

製作6片直徑7cm的圓形貼布繡布。

把平針縫的線交叉拉緊

貼布繡摺疊用紙型

1 用細密的針目平針縫。

2 縫份上因縫目而擠出的皺褶都要朝向圓的中心，用熨斗燙平。把線弄鬆，取出紙型，再次整理形狀。共製作6片。

3 在貼布繡布上穿線，在裡側的中心打結。

5 縫上壓線，完成。

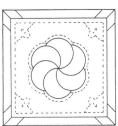

4 參照第101頁的基本圖案N製作底布與檔布。擺上貼布繡布，依照1~6的順序疏縫。

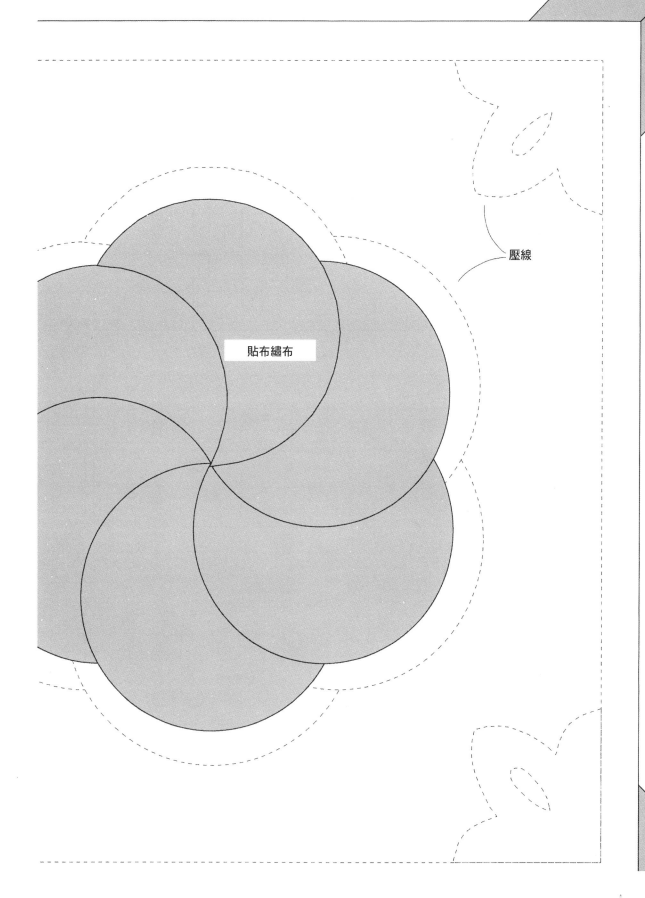

壓線

貼布繡布

基本圖案L的貼布繡及壓線的實物大圖案

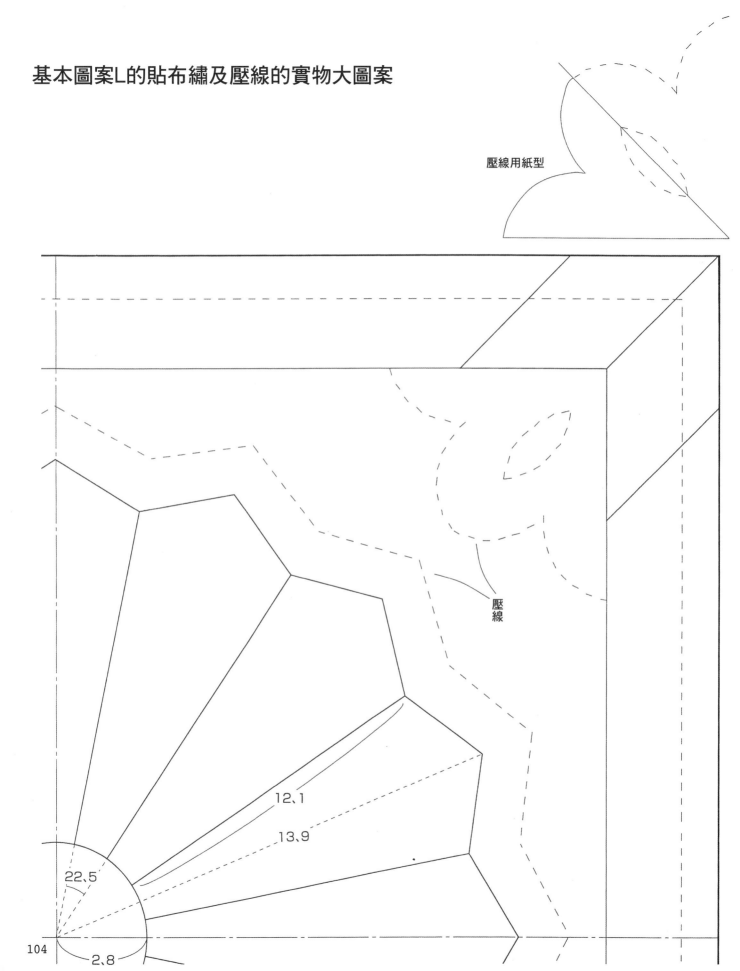

壓線用紙型

壓線

12、1

13、9

22、5

2、8

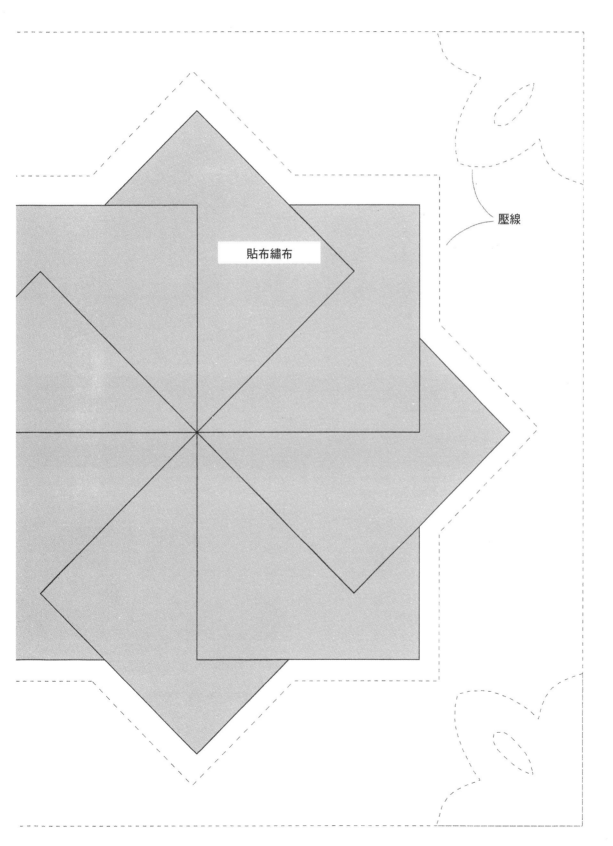

壓線

貼布繡布

側邊縫合位置　　對齊記號

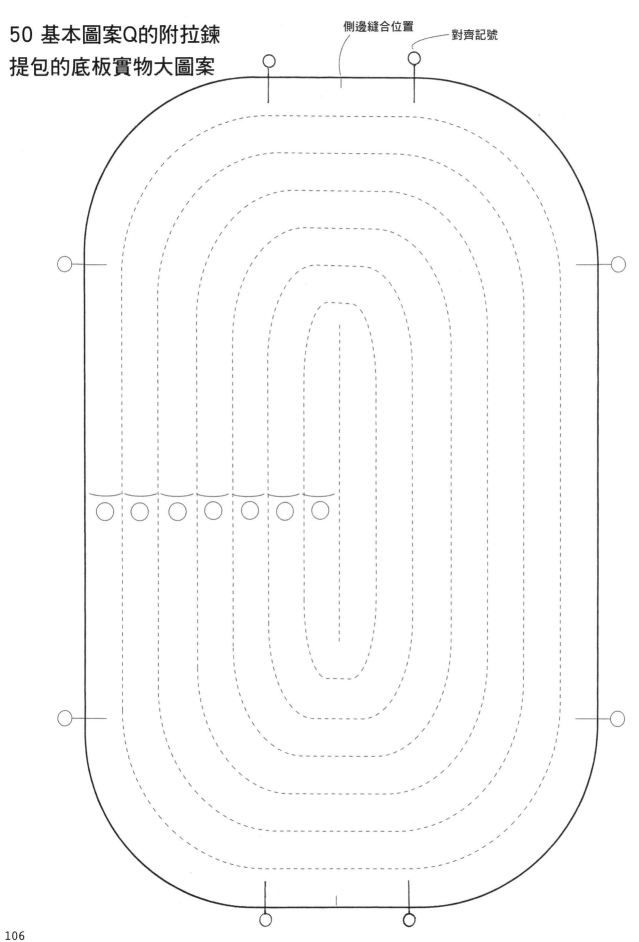

32 迷你後背包的底 實物大紙型

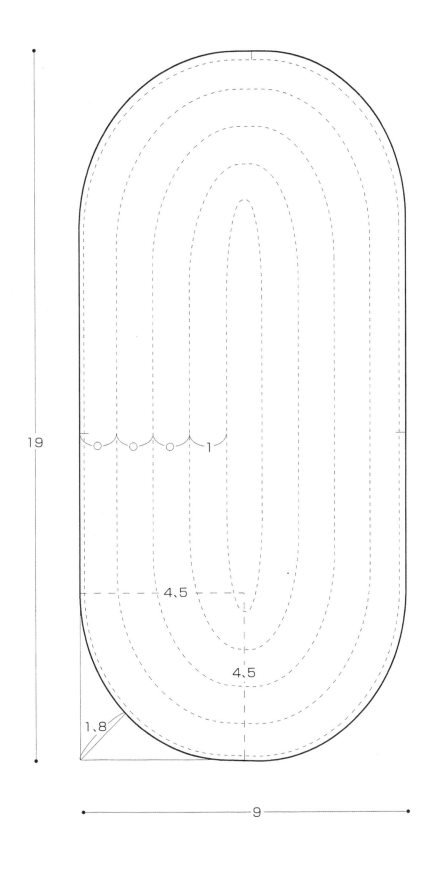

19

1

4、5

4、5

1、8

9

44 迷你波士頓包的側身實物大紙型

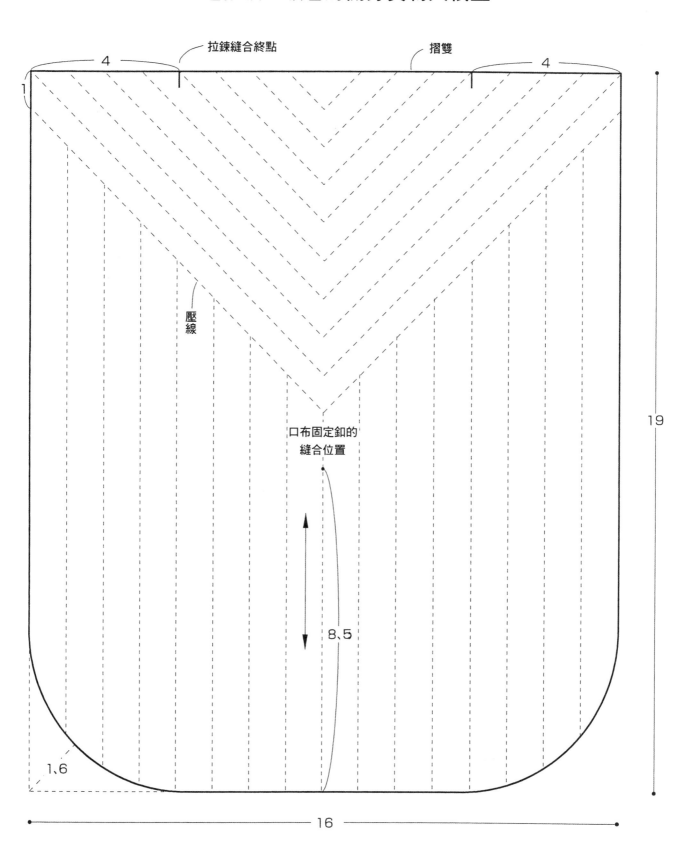

拉鍊縫合終點

摺雙

4

4

1

壓線

口布固定釦的
縫合位置

8、5

19

1、6

16

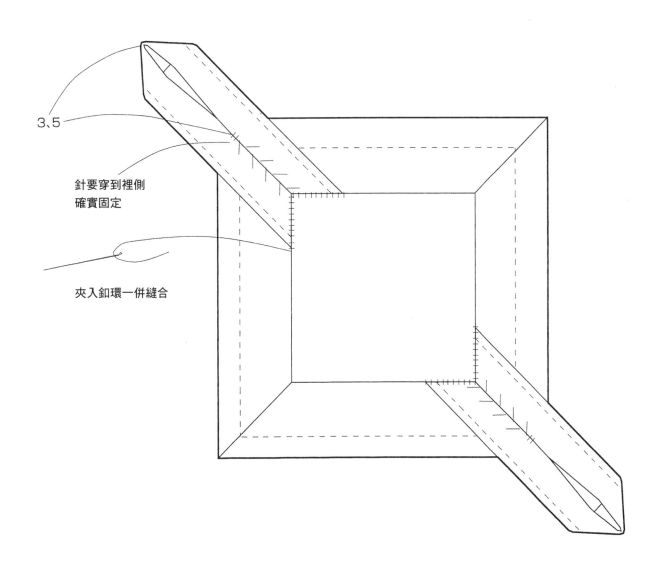

3、5

針要穿到裡側
確實固定

夾入釦環一併縫合

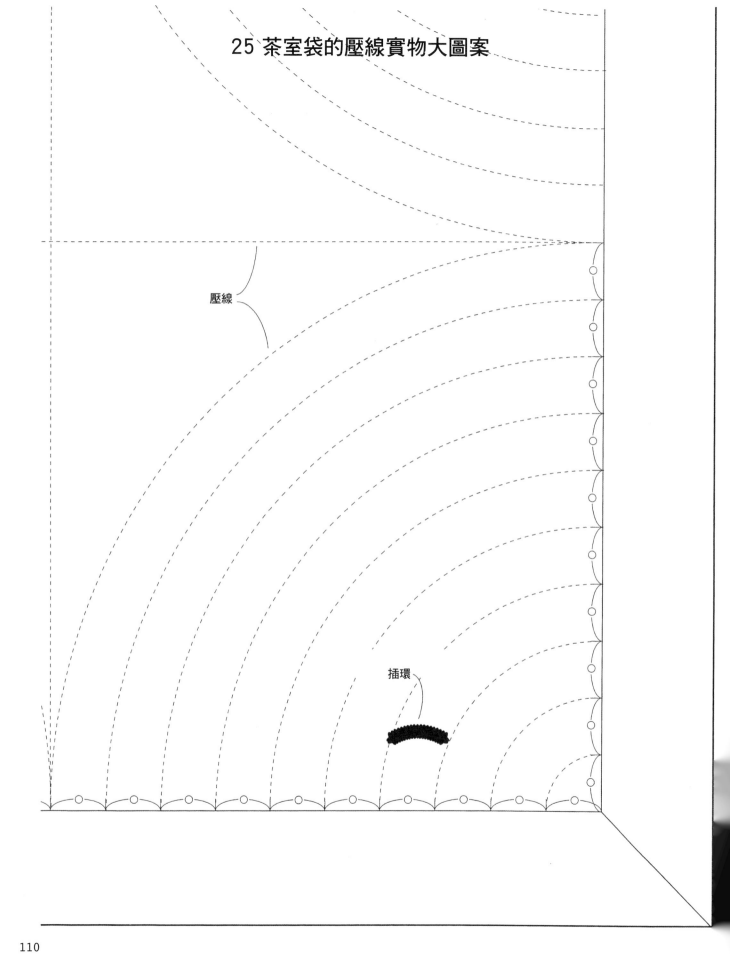

25 茶室袋的壓線實物大圖案

壓線

插環

47 基本圖案L的和式提包壓線圖（實物的1/2）

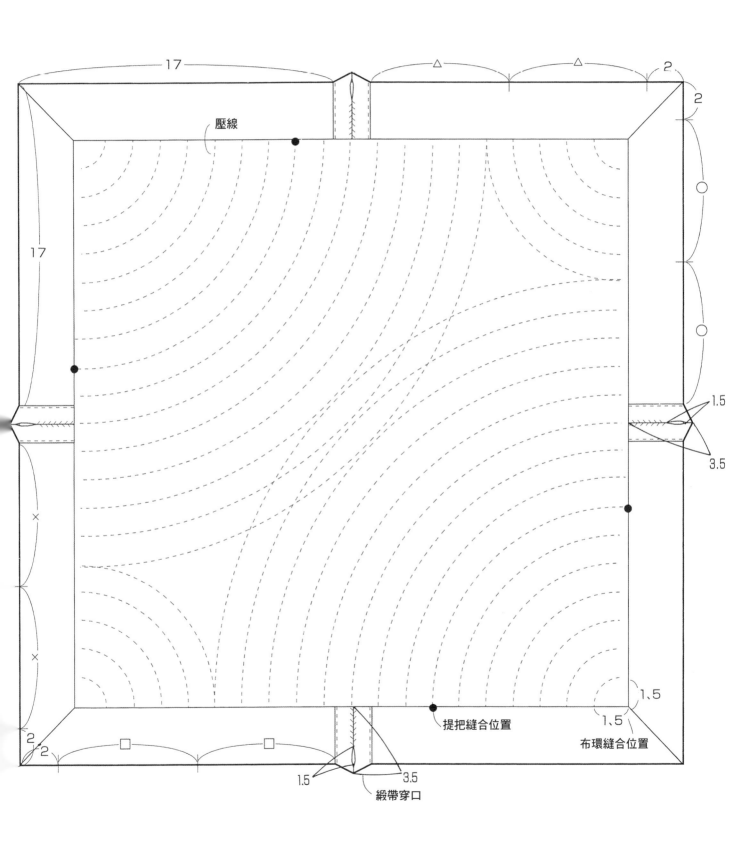

壓線

17

17

2

2

1.5

3.5

提把縫合位置

布環縫合位置

1.5

1.5

1.5

3.5

緞帶穿口

2
2

24 迷你茶室袋的壓線實物大圖案

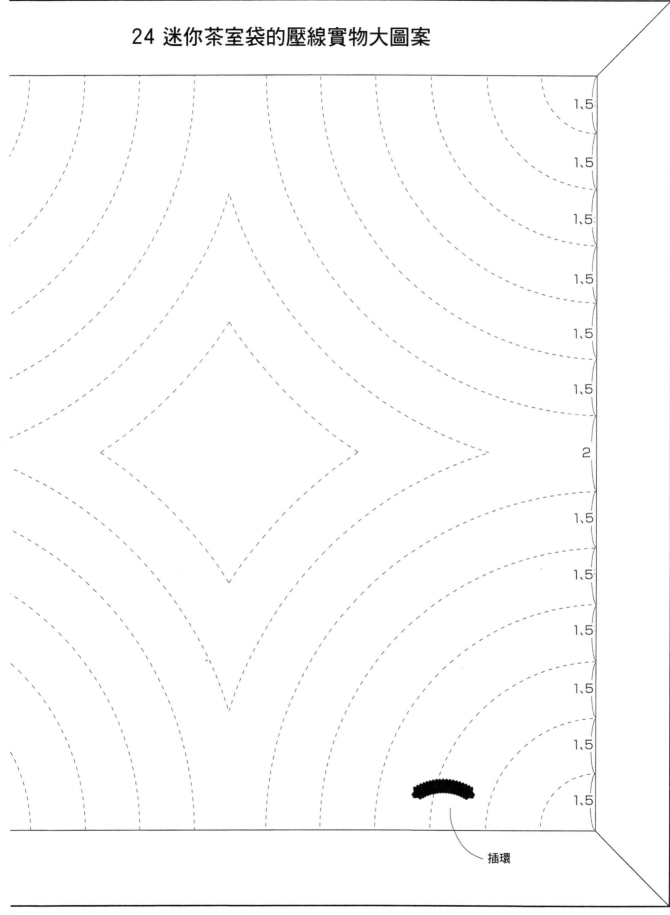

1,5
1,5
1,5
1,5
1,5
1,5
2
1,5
1,5
1,5
1,5
1,5

插環

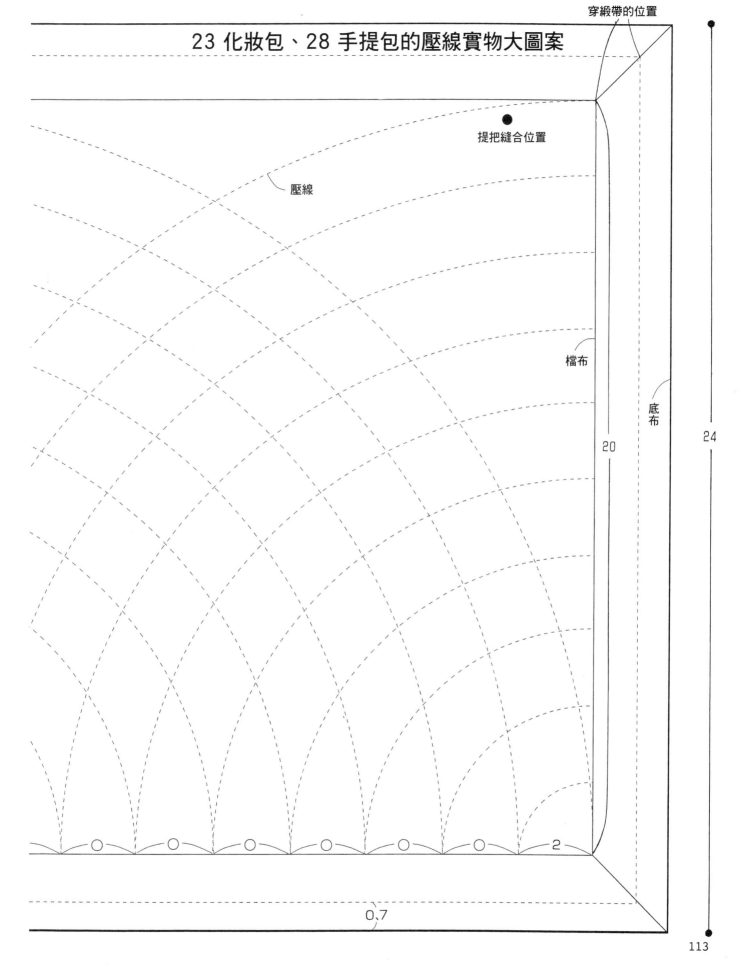

23 化妝包、28 手提包的壓線實物大圖案

穿緞帶的位置

提把縫合位置

壓線

檔布

底布

20

24

2

0.7

村木幸代
（Muraki Sachiyo）

簡　歷

昭和13年	1月	生於北海道。
昭和32年	9月	開始正式接觸洋裁。
昭和52年	2月	進行幸代拼布的原形之一，即菱形基本圖案的最後設計，備齊所有的基本圖案，完成自創的雙面拼布。
昭和56年	3月	入選「第23屆大阪工藝展」。成為大阪工藝協會會員
〃	9月	入選「第3屆生活工藝展」。
〃	10月	入選「第32屆茨木市美術展」。成為茨木市美術協會會員。
昭和57年	4月	成為NHK大阪文化中心講師。
〃	10月	入選「第33屆茨木市美術展」。
昭和59年	4月	出版「新式拼布」。（日本Vogue社刊）
昭和60年	10月	「第2屆國際設計展」參展。
昭和61年	1月	參加NHK電視「婦人百科」的演出。
〃	4月	成為NHK京都文化中心講師。
〃	10月	成為NHK婦人百科講師。自該年起每年都參加「NHK婦人百科」所舉辦的手工藝節。（昭和63年除外）
平成2年	7月	出版「藍色的拼布」。（NHK出版發行）
〃	9月	參加NHK電視「婦人百科」的演出。
平成4年	1月	參加NHK電視「婦人百科」的演出。
〃	10月	與其他作者共同著作「拼布藝術」。（NHK出版）
平成6年	6月	參加NHK電視「婦人百科」的演出。
平成8年	8月	於阪神百貨店美術畫廊舉辦個展「幸代拼布展」。
平成9年	10月	參加德國鈕倫堡舉辦的「97年日本文化祭」
平成10年	2月	入選「98年大阪工藝展」知事獎。
〃		於「98年OSAKA Design Fair」展出50件作品。
〃	3月	在美國西雅圖市附近的塔可瑪市舉辦5次「日本雙面拼布講習會」。
〃	6月	「98年國際拼布博覽會in JAPAN」參展。
平成11年	2月	「99年大阪工藝展」無審查參展。

現　在

「NHK美麗工房」講師
NHK學園國立大學路教室講師
NHK文化中心「東京、大阪、京都、神戶、名古屋、松本、千林、川越、尤加利丘」各講師。
Vogue學園大阪校講師
大阪工藝協會會員
茨木美術協會會員

著　書

「新式拼布」日本Vogue社刊
「藍色拼布」NHK出版刊
「拼布藝術」NHK出版刊(共著)

國家圖書館出版品預行編目資料

摺布拼布Vol.1 / 村木幸代 作；潘舒婧 翻譯.
--初版.-- 臺北縣板橋市：楓書坊文化
2010.01　112面25.8公分

ISBN　978-986-6326-57-8（平裝）

1. 拼布藝術　2. 手工藝

426.7　　　　　　　　　　　　99001420

摺布拼布 Vol.❶

折り布パッチワーク 復刻版 著：村木幸代
Japanese Reversible Patch Work Fukkokuban

出　　　　版／楓書坊文化出版社
地　　　　址／台北縣板橋市信義路163巷3號10樓
郵 政 劃 撥／19907596　楓書坊文化出版社
網　　　　址／www.maplebook.com.tw
電　　　　話／(02)2957-6096
傳　　　　真／(02)2957-6435
作　　　　者／村木幸代
翻　　　　譯／潘舒婧
總 經　　 銷／貿騰發賣股份有限公司
地　　　　址／台北縣中和市中正路880號14樓
網　　　　址／www.namode.com
電　　　　話／(02)8227-5988
傳　　　　真／(02)8227-5989
港 澳 經 銷／泛華發行代理有限公司
定　　　　價／300元
初 版 日 期／2010年3月